本书获长春师范大学学术著作出版基金资助

随机种群模型的动力学

韩七星 著

科学出版社

北京

内 容 简 介

本书介绍随机种群模型的建模及一些研究方法,利用 Lyapunov 分析的方法、Has'minskii 的平稳分布理论及周期性理论,研究了几类随机种群模型的动力学性质,以及上述模型正解的存在唯一性、正周期解存在性、平稳分布存在性及在平衡点附近的渐近行为,并对所得到的结果进行数值模拟.

本书可供数学专业高年级本科生、生物数学及随机微分方程方向的研究生,以及从事相关科学研究工作的人员参考.

图书在版编目(CIP)数据

随机种群模型的动力学/韩七星著. —北京:科学出版社,2019.6
ISBN 978-7-03-060134-6

I. ①随⋯ Ⅱ. ①韩⋯ Ⅲ. ①种群–生物模型–动力学–研究 Ⅳ. ①Q141

中国版本图书馆 CIP 数据核字(2018) 第 284841 号

责任编辑: 李 欣 / 责任校对: 邹慧卿
责任印制: 吴兆东 / 封面设计: 无极书装

科 学 出 版 社 出版
北京东黄城根北街 16 号
邮政编码: 100717
http://www.sciencep.com

北京虎彩文化传播有限公司 印刷
科学出版社发行 各地新华书店经销
*

2019 年 6 月第 一 版 开本: 720 × 1000 B5
2020 年 4 月第三次印刷 印张: 7 1/2
字数: 150 000

定价: 58.00 元
(如有印装质量问题, 我社负责调换)

前　　言

种群生态学是生态学的一个分支, 主要研究种群结构与动力学性质, 例如, 种群的生存和灭绝等. 以数学模型为工具研究生态系统, 可以使得人们对物种变化规律有着更加全面的认识. 由于其广泛的应用性, 确定性种群模型的研究成为学者们感兴趣的热点问题之一, 并且涌现出了很多重要的结果. 然而, 在实际的生态系统中, 各种随机干扰无处不在, 对种群产生一定的影响. 用随机微分方程来研究种群模型能更好、更实际地描述种群发展的规律, 从而更有利于揭示生态社会中各个种群的数量变化, 为开发和保护生态资源提供理论依据.

本书的目的是介绍随机种群模型的建模及一些研究方法. 本书利用 Lyapunov 分析的方法、Has′minskii 的平稳分布理论及周期性理论, 研究了几类随机种群模型的动力学性质, 研究上述模型正解的存在唯一性、正周期解存在性、平稳分布存在性及在平衡点附近的渐近行为, 并对所得到的结果进行数值模拟. 全书共 5 章. 第 1 章绪论, 介绍随机种群模型的研究背景及一些预备知识; 第 2 章是关于随机多种群互惠型生态系统的研究. 利用 Has′minskii 等的平稳分布理论, 研究了系统平稳分布的存在性. 对于具有周期系数的系统, 利用 M-矩阵理论及 Has′minskii 的周期性理论, 讨论系统在分布意义下正周期解的存在性. 如果噪声强度较小, 随机系统与相应的确定性系统有类似的性质. 第 3 章是关于两类捕食–食饵模型的研究, 研究了随机修正的 Leslie-Gower 及 Holling II 型、Holling-Tanner 及 Beddington-DeAngelis(B-D) 型捕食–食饵模型, 讨论模型正解的全局存在唯一性, 并证明系统存在平稳分布且具有遍历性. 对于周期系数的模型, 得到了正周期解存在的充分条件. 与之前文献中平稳分布的结果相比, 该章中平稳分布存在的条件不依赖于相应确定系统的平衡点, 且条件非常简洁, 极大地改进了之前文献中平稳分布的条件. 第 4 章是关于具有流行病的随机竞争种群系统研究. 第 5 章利用随机微分方程、统计学方法、数值模拟相结合的方法, 讨论了随机食物有限种群模型正解的全局存在性、全局吸引性, 并在此基础上研究了参数估计的相合性及渐近分布问题.

本书可供数学专业高年级本科生、生物数学及随机微分方程方向的研究生, 以及从事相关科学研究工作的人员参考. 希望通过对本书的阅读, 可以使有兴趣的读者了解随机种群模型的研究方法及科学前沿.

　　由于作者水平有限, 书中可能会有一些不当之处, 恳请读者批评指正.

韩七星

2018 年 11 月 2 日

目　　录

前言

第 1 章　绪论 ……………………………………………………………………1

　　1.1　研究背景 ………………………………………………………………1

　　1.2　预备知识 ………………………………………………………………3

第 2 章　随机多种群互惠型生态系统 …………………………………………10

　　2.1　随机非自治的多种群互惠型生态系统 ……………………………11

　　　　2.1.1　系统 (2.3) 全局正解的存在唯一性 …………………………11

　　　　2.1.2　系统 (2.3) 正周期解的存在性 ………………………………14

　　　　2.1.3　系统 (2.3) 的灭绝性 …………………………………………18

　　　　2.1.4　系统 (2.3) 周期解的全局吸引性 ……………………………19

　　　　2.1.5　数值模拟 …………………………………………………………25

　　2.2　随机常系数多种群互惠型生态系统 ………………………………26

　　　　2.2.1　系统 (2.4) 全局正解的存在唯一性 …………………………26

　　　　2.2.2　系统 (2.4) 解的渐近性质 ……………………………………27

　　　　2.2.3　系统 (2.4) 平稳分布的存在性 ………………………………29

　　　　2.2.4　一维情况举例 ……………………………………………………31

　　　　2.2.5　数值模拟 …………………………………………………………33

第 3 章　随机捕食–食饵种群系统 ……………………………………………35

　　3.1　随机修正的 Leslie-Gower 及 Holling II 型捕食–食饵模型 ………38

　　　　3.1.1　系统 (3.6) 正解的存在唯一性 ………………………………38

　　　　3.1.2　系统 (3.6) 平稳分布的存在性 ………………………………40

　　　　3.1.3　系统 (3.6) 的非持久性 ………………………………………46

　　　　3.1.4　系统 (3.6) 的数值模拟 ………………………………………49

　　　　3.1.5　系统 (3.7) 正周期解的存在性 ………………………………51

　　　　3.1.6　系统 (3.7) 的数值模拟 ………………………………………58

　　3.2　随机修正的 Holling-Tanner 及 B-D 型捕食–食饵模型 …………59

　　　　3.2.1　系统 (3.8) 平稳分布的存在性 ………………………………59

　　　　3.2.2　系统 (3.8) 的非持久性 ………………………………………63

　　　　3.2.3　数值模拟 …………………………………………………………66

第 4 章　具有流行病的随机竞争种群系统 ································· 69

　　4.1　疾病转移率扰动的具有流行病的随机竞争种群系统 ················· 70

　　　　4.1.1　系统 (4.3) 全局正解的存在唯一性 ··························· 71

　　　　4.1.2　系统 (4.3) 在平衡点 $E_0 = (0,0,0)$ 处的稳定性 ··············· 73

　　　　4.1.3　系统 (4.3) 在平衡点 $E_1 = \left(\dfrac{a}{b}, 0, 0\right)$ 处的稳定性 ················ 74

　　　　4.1.4　系统 (4.3) 在平衡点 $E_2 = \left(0, \dfrac{d}{f}, 0\right)$ 处的稳定性 ················ 76

　　　　4.1.5　系统 (4.3) 在平衡点 $E_3 = \left(\dfrac{af-cd}{bf-ce}, \dfrac{bd-ae}{bf-ce}, 0\right)$ 处的稳定性 ········· 78

　　　　4.1.6　系统 (4.3) 在 $E^* = (\hat{P}, \hat{Q}, \hat{V})$ 附近的动力学行为 ········· 80

　　4.2　线性扰动的具有流行病的随机竞争种群系统 ····················· 83

　　　　4.2.1　系统 (4.4) 全局正解的存在唯一性 ··························· 83

　　　　4.2.2　系统 (4.4) 的遍历性 ······································· 85

第 5 章　随机食物有限种群系统 ································· 91

　　5.1　系统 (5.3) 正解的全局吸引性 ································· 92

　　5.2　系统 (5.3) 参数的极大似然估计 ······························ 96

　　5.3　系统 (5.3) 参数估计的相合性及渐近分布 ······················· 98

参考文献 ·· 104

第1章 绪 论

1.1 研究背景

日本学者伊藤清 (K.Itǒ)[1] 于 20 世纪 50 年代建立了随机微分方程理论, 此后, 经过多位数学家的开创性工作, 使得随机微分方程理论得到了迅速的发展 [2-6]. 总的来说, 随机微分方程研究当系统受到不确定因素干扰时的性态. 在其发展过程中, 充分吸收了数学、统计等领域的精华, 同时又将微分方程、动力系统及随机分析等学科有机结合起来, 在金融系统、统计物理、工程结构分析、数量经济、控制系统、生物学等领域中有着非常重要的应用.

种群生态学研究种群的时间动态和调节机理, 即研究某一生物群体或某些生物群体的个体数量或密度的变化规律. 种群生态学有悠久的研究历史, 许多学者做出了卓越的贡献. 例如, 马尔萨斯 (1798 年) 提出的人口模型, 可以描述人口的增长情况; 而后经过改进得到了 Logistic 模型, 可以反映环境对人口增长的限制作用; Lotka[7](1925 年) 与 Volterra[8](1926 年) 又分别提出了描述两种群相互作用的 Lotka-Volterra 模型; 随后, Celton(1927 年) 提出了食物链、数字金字塔、生态位等重要概念; Lindema(1942 年) 提出生态系统物质生产率渐减法则等. 特别地, 从微分方程的角度, Hastings[9] 与 Brauer 等 [10] 建立了常微分方程的种群生态模型; Gopalsamy[11]、Kuang[12]、陈兰荪 [13] 及唐三一、肖燕妮 [14] 等分别研究了确定性种群模型的动力学行为.

另一方面, 种群生态系统中经常会受到疾病的影响, 很多学者对流行病进行过建模研究并得到一些好的结果 [15-18]. 用数学模型能够很好地描述带有疾病的种群生态系统, 通过对模型的分析, 及时发现或预测疾病发生的生态动因, 预测生物种群的发展动态, 并为采取的决策提供理论依据. Anderson[19] 等研究了两种群的竞争系统, 其中一个种群感染疾病, 并且假设受感染的个体不具有生殖能力. Dobson[20] 及 Hochberg 等 [21] 研究了两种病菌竞争同一寄主问题. Venturino [22] 等研究了两种群竞争模型, 其中一个种群带病菌, 且假设流行病不能逾越种群的界限, 对模型中平衡点的稳定性进行了细致的研究. Xiao 及 Chen 也对有疾病传播的种群系统进行过细致的研究 [23-25].

然而, 在实际的生态系统中, 各种随机干扰 (白噪声) 无处不在, 对种群产生一定的影响. 因此, 研究种群生态系统在白噪声的影响下相对于确定性系统会产生怎样的变化就显得尤为重要. 一些学者在这方面进行了深入的研究 [26-29]. Has′minskii

等 [5, 31] 给出了随机微分方程存在平稳分布及周期解的充分条件; Gard [28, 29] 将随机微分方程理论应用于种群模型, 得到了非常经典的理论; Mao 等 [32, 33] 研究了一类特殊的 L-V 系统, 并揭示了环境白噪声会抑制解的爆破这一现象; Mao [40] 和 Bahar[41] 将此结果推广到随机时滞 L-V 系统, 并表明若白噪声大于零, 则解是随机最终有界的, 环境白噪声的存在使种群生态系统的动力学行为发生了变化; Liu 和 Wang[42-44] 等对随机种群模型等进行了研究, 得到了系统有界性、持久性、灭绝性等充分条件; Jiang [38, 45, 46] 等研究了随机捕食–食饵系统及 L-V 互惠系统, 得到了系统具有平稳分布, 且具有遍历性的特征. 遍历性是 Markov 过程在时间和空间上的统一性, 表现为时间均值等于空间均值. 本书利用 Has′minskii 的平稳分布理论研究几类随机生态系统平稳分布的存在性及是否具有遍历性, 其中部分结果极大地改进了 Jiang [38] 和 Mandal 等 [47] 的结果.

在生态系统中, 周期现象也是普遍存在的, 如白昼黑夜的变化、四季的更替、食物的供应等. 因此, 研究周期因素影响下生态系统的动力学行为是非常有意义的, 是对种群模型进行分析时非常重要的一部分. 对于确定性系统, 周期解的结果已经非常丰富 [48-51], 而随机生态模型的周期解问题, 结果并不多. Jiang [52] 等研究了周期 Logistic 系统, 得到了均值意义下倒数形式的周期解, 并证明了周期解的全局吸引性; Zhao [53] 等给出了随机周期解的定义, 并证明了一些环面上的闭链的随机周期解的存在性; Li[54] 等利用周期 Markov 过程的性质, 研究了随机时滞微分方程周期解的存在性, 并将结果应用于 Logistic 系统. 本书的一部分工作是利用 Has′minskii 给出的周期解的理论及 Lyapunov 分析的方法来研究两类随机生物模型周期解的存在性.

种群和流行病结合的系统也不可避免地会受到随机因素的影响. Liu 和 Shi[55] 等研究了一类具有 Holling II 函数反应项随机捕食–食饵模型, 其中食饵有病, 给出了系统灭绝及平稳分布存在的充分条件. Jiang[56] 等研究了一类 SIS 与具有 Holling II 函数反应项捕食–食饵模型相结合的系统. 本书将研究具有流行病的随机 L-V 竞争种群系统在参数扰动及系统扰动 [57, 58] 下围绕相应的确定性系统的平衡点的随机稳定性及系统平稳分布的存在性、持久性等, 这里系统扰动指的是白噪声强度正比于系统变量.

全书共 5 章, 主要研究几类随机生物模型在参数扰动或系统扰动下模型的渐近行为, 其中第 2 章 ∼ 第 4 章是核心部分. 具体研究内容如下:

第 2 章是关于随机多种群互惠型生态系统的研究. 考虑系统具有周期参数, 利用 M 矩阵理论及 Has′minskii 建立的周期性理论, 得到了系统在分布意义下正周期解的存在性, 并研究了正周期解的全局吸引性. 如果噪声强度较小, 随机系统与相应的确定性系统有类似的性质, 如周期解的存在性、正周期解的全局吸引性等 [59]. 同时, 对系统的灭绝性也进行了研究. 除此之外, 引入 Mao 等 [60] 对参数的扰动方式, 即考虑白噪声的强度依赖于人口密度, 对随机常系数多种群互惠模型进行了研究, 得到了该模型解的渐近性质, 并利用 Has'minskii 等的平稳分布理论, 研究了系统平稳分布的存在性.

第 3 章是关于两类捕食–食饵模型的研究. 本章的研究内容分为两部分. 首先我们研究了随机修正的 Leslie-Gower 及 Holling II 型捕食–食饵模型. 对于常系数的模型, 利用 Lyapunov 分析的方法, 研究了模型正解的全局存在唯一性, 通过扩散阵理论及 Has'minskii 关于随机微分方程平稳分布存在性理论, 证明了系统存在平稳分布且具有遍历性. 同时, 对系统的非持久性也进行了研究. 对于周期系数的模型, 得到了正周期解存在的充分条件. 另一类模型是随机修正的 Holling-Tanner 及 B-D 型捕食–食饵模型, 利用 Has'minskii 等的平稳分布理论, 得到了该模型存在平稳分布, 且具有遍历性. 与文献 [38, 47] 中平稳分布的结果相比, 本章中平稳分布存在的条件不依赖于相应确定系统平衡点, 且条件非常简洁, 极大地改进了上述文献中平稳分布的条件.

第 4 章是关于具有流行病的随机竞争种群模型的研究. 本章内容分为两部分. 一部分研究了参数扰动下, 随机竞争生态流行病模型正解的存在唯一性及系统在对应确定性模型平衡点附近的渐近行为, 证明了系统在平衡点是随机渐近稳定的, 由于该模型确定性系统的内部平衡点已不再是随机系统的平衡点, 因此, 不能按照之前的方法研究其随机渐近稳定性. 利用 Lyapunov 分析的方法, 研究了系统的持久性. 另一部分研究了线性扰动的随机竞争生态流行病模型, 证明了模型正解的存在唯一性, 并利用 Has'minskii 的平稳分布理论证明了系统存在平稳分布, 且具有遍历性.

第 5 章是关于随机食物有限模型的研究. 本章共三个部分, 5.1 节研究了系统 (5.3) 正解的全局吸引性, 并用 MATLAB 软件对其具体模型作了数值模拟, 模拟结果与理论分析相当吻合. 5.2 节研究了参数估计的相合性及渐近分布问题, 利用统计学方法研究了有限的离散观测数据, 对模型中的参数 α^2, r 进行了估计, 模拟结果表明了极大似然方法很合适. 5.3 节研究了参数估计的强相合性, 并运用鞅大数定律与中心极限定理得到了参数估计的极限分布.

1.2　预 备 知 识

本节中, 给出了本书用到的记号、定义、定理及随机微分方程的一些基本知识.

记 $R_+^n = \{x \in R^n : x_i > 0 \text{ 对任意的 } 1 \leqslant i \leqslant n\}$, $\bar{R}_+^n = \{x \in R^n : x_i \geqslant 0 \text{ 对任意的 } 1 \leqslant i \leqslant n\}$.

定义 1.1[61] 设 $(\Omega, \mathscr{F}, P)$ 是一个完备的概率空间. 考虑由 $\mathscr{F}$ 的部分 σ-代数构成的类 $\{\mathscr{F}_t\}_{t \geqslant 0}$, 若如下条件成立:

(1) 当 $s \leqslant t$ 时, $\mathscr{F}_s \subset \mathscr{F}_t$;

(2) 对所有的 $t \geqslant 0, \mathscr{F}_t = \bigcap_{s>t} \mathscr{F}_s$.

则称这个类是 $(\Omega, \mathscr{F}, P)$ 上的一个流, 并称概率空间 $(\Omega, \mathscr{F}, \{\mathscr{F}_t\}_{t \geqslant 0}, P)$ 为带流概率空间. 若流 $\{\mathscr{F}_t\}_{t \geqslant 0}$ 满足右连续单调递增, 且 $\mathscr{F}_0$ 包含所有的零测集, 则称流满足通常条件.

本书中, 假设 $(\Omega, \mathscr{F}, \{\mathscr{F}_t\}_{t \geqslant 0}, P)$ 表示带有流 $\{\mathscr{F}_t\}_{t \geqslant 0}$ 且满足通常条件的概率空间.

定义 1.2 [61] 称定义在完备概率空间 $(\Omega, \mathscr{F}, P)$ 上的随机过程 $X = \{X_t\}_{t \geqslant 0}$ 为 $\{\mathscr{F}_t\}_{t \geqslant 0}$ 适应的, 如果对每个 $t \geqslant 0$, X_t 是 $\mathscr{F}_t$-可测的, 即对任意的 $x \in R$,

$$\{X_t \leqslant x\} \in \mathscr{F}_t.$$

定义 1.3 [61, 62] 随机过程 $X = \{X_t\}_{t \geqslant 0}$ 称为关于 $\{\mathscr{F}_t\}_{t \geqslant 0}$ 的鞅, 如果 $X = \{X_t\}_{t \geqslant 0}$ 是关于 $\mathscr{F}_t$ 适应的, $E(|X_t|) < \infty$, 并且对任何的 $0 \leqslant s \leqslant t$, 有

$$E(X_t|\mathscr{F}_s) = X_s.$$

若上述等号分别换成 $\leqslant$ 或 $\geqslant$, 则分别称其为上鞅或下鞅.

定义 1.4 [63] (1) 设 $\{X_n, n \geqslant 1\}$ 是随机变量序列, 若存在随机变量 X 使得

$$P\{\omega \in \Omega : X(\omega) = \lim_{n \to \infty} X_n(\omega)\} = 1,$$

则称随机变量序列 $\{X_n, n \geqslant 1\}$ 几乎必然收敛 (或以概率 1 收敛) 于 X, 记为 $\lim_{n \to \infty} X_n = X, \text{a.s.}$

(2) 设 $\{X_n, n \geqslant 1\}$ 是随机变量序列, 若存在随机变量 X, 使得任意的 $\varepsilon > 0$, 有

$$\lim_{n \to \infty} P\{|X_n - X| \geqslant \varepsilon\} = 0,$$

则称随机变量序列 $\{X_n, n \geqslant 1\}$ 依概率收敛于 X.

(3) 设随机变量序列 $\{X_n\} \subset L^p(p \geqslant 1)$, 如果存在随机变量 $X \in L^p$, 使得

$$\lim_{n \to \infty} E(|X_n - X|^p) = 0,$$

则称随机变量序列 $\{X_n, n \geqslant 1\}$ p 次平均收敛于 X, 或称为 p 阶矩收敛.

定理 1.1 (强大数定律)[61] 设 $M = \{M_t\}_{t \geqslant 0}$ 是实值连续局部鞅, 且 $M(0) = 0$. 则

$$\lim_{t \to \infty} \langle M, M \rangle_t = \infty \quad \text{a.s.} \quad \Rightarrow \quad \lim_{t \to \infty} \frac{M_t}{\langle M, M \rangle_t} = 0 \quad \text{a.s.}$$

且有

$$\limsup_{t \to \infty} \frac{\langle M, M \rangle_t}{t} < \infty \quad \text{a.s.} \quad \Rightarrow \quad \lim_{t \to \infty} \frac{M_t}{t} = 0 \quad \text{a.s.}$$

引理 1.1 (Borel-Cantelli 引理)[61]　如果 $\{U_k\} \subset \mathscr{F}$, 并且 $\sum\limits_{k=1}^{\infty} P(U_k) < \infty$, 则

$$P\left(\limsup_{k \to \infty} U_k\right) = 0.$$

考虑如下的 d 维随机微分方程:

$$dx(t) = f(x(t), t)dt + g(x(t), t)dB(t), \quad t_0 \leqslant t \leqslant T, \tag{1.1}$$

其中 $f : R^d \times [t_0, T] \to R^d$, $g : R^d \times [t_0, T] \to R^{d \times m}$ 为 Borel 可测函数, $B(t) = (B_1(t), \cdots, B_m(t))^{\mathrm{T}}$ $(t \geqslant 0)$ 是定义在所给概率空间 $(\Omega, \mathscr{F}, P)$ 上的 m 维标准布朗运动.

定理 1.2 (解存在唯一性定理)[29, 61, 64]　假设函数 $f : R^d \times [t_0, T] \to R^d$ 和 $g : R^d \times [t_0, T] \to R^{d \times m}$ 关于 $(x, t) \in R^d \times [t_0, T]$ 可测, 且关于 x 满足局部 Lipschitz 条件和线性增长条件, 即存在 $c_k > 0(k = 1, 2, \cdots)$, 使得当 $\forall x, y \in R^d$ 且 $|x| \vee |y| \leqslant k$ 时, 满足不等式

$$|f(x, t) - f(y, t)| \vee |g(x, t) - g(y, t)| \leqslant c_k |x - y|,$$

且存在 $c > 0$, 满足

$$|f(x, t)| \vee |g(x, t)| \leqslant c(1 + |x|).$$

则随机微分方程 (1.1) 存在唯一连续的全局解 $x(t)(t \in [t_0, T])$, 且对每个 $p > 0$, 有

$$E\left[\sup_{t_0 \leqslant s \leqslant T} |x(s; x_0)|^p\right] < \infty.$$

定理 1.3 (伊藤公式)[29, 61, 64]　设 $x(t)$ $(t \geqslant t_0 = 0)$ 是方程 (1.1) 的解, $V \in C^{2,1}(R^n \times R_+; R)$. 则 $V(x(t), t)$ 仍是具有如下随机微分的伊藤过程:

$$dV(x(t), t) = \left[V_t(x(t), t) + V_x(x(t), t)f(t) + \frac{1}{2}\mathrm{trace}(g^{\mathrm{T}}(t)V_{xx}(x(t), t)g(t))\right]dt$$
$$+ V_x(x(t), t)g(t)dB(t) \quad \text{a.s.},$$

其中

$$V_t = \frac{\partial V}{\partial t}, \quad V_x = \left(\frac{\partial V}{\partial x_1}, \frac{\partial V}{\partial x_2}, \cdots, \frac{\partial V}{\partial x_d}\right), \quad V_{xx} = \left(\frac{\partial^2 V}{\partial x_k \partial x_j}\right)_{d \times d}.$$

称上述公式为伊藤公式.

定义 (1.1) 的微分算子 L 为

$$L = \frac{\partial}{\partial t} + \sum_{k=1}^{d} f_k(x,t)\frac{\partial}{\partial x_k} + \frac{1}{2}\sum_{k,j=1}^{d}[g^{\mathrm{T}}(x,t)g(x,t)]_{kj}\frac{\partial^2}{\partial x_k \partial x_j}.$$

若 L 作用在函数 $V \in C^{2,1}(S_h \times \overline{R}_+; \overline{R}_+)$ 上, 则有

$$LV(x(t),t) = V_t(x(t),t) + V_x(x(t),t)f(x,t) + \frac{1}{2}\mathrm{trace}[g^{\mathrm{T}}(x,t)V_{xx}g(x,t)],$$

其中 $C^{2,1}(S_h \times \overline{R}_+; \overline{R}_+)$ 表示所有定义在 $S_h \times \overline{R}_+$ 上的非负函数的集合, 且此类函数满足关于 x 二次可微, 关于 t 一次可微. 则伊藤公式可表示为

$$dV(x(t),t) = LV(x,t) + V_x(x(t),t)g(t)dB(t).$$

设 $S_h = \{x \in R^d : |x| < h\}$, 则有如下引理.

引理 1.2 [61] 若存在正定函数 $V(x,t) \in C^{2,1}(S_h \times [t_0,\infty); R_+)$ 使得对所有的 $(x,t) \in S_h \times [t_0,\infty)$ 有

$$LV(x,t) \leqslant 0,$$

则方程 (1.1) 的平凡解是随机稳定的.

引理 1.3 [61] 若存在正定、递减函数 $V(x,t) \in C^{2,1}(S_h \times [t_0,\infty); R_+)$ 使得 $LV(x,t)$ 是负定的, 则方程 (1.1) 的平凡解是随机渐近稳定的.

定义 1.5 [31, 65] 一个 n 维的 $\mathscr{F}_t$ 适应过程 $X = \{X_t\}_{t \geqslant 0}$ 称为 Markov 过程, 如果下面的 Markov 性满足: 对所有的 $0 \leqslant s \leqslant t < \infty$, $A \in \mathfrak{B}(R^n)$,

$$P(X(t) \in A|\mathscr{F}_s) = P(X(t) \in A|X(s)).$$

引理 1.4 [31, 65] Markov 过程的转移概率函数 $P(s,x;t,A)$ 具有下列性质:

(1) 对任意的 $0 \leqslant s \leqslant t < \infty$, $A \in \mathfrak{B}(R^n)$,

$$P(s,X(s);t,A) = P(X(t) \in A|X(s)).$$

(2) 对任意的 $0 \leqslant s \leqslant t < \infty$, $x \in R^n$, $P(s,x;t,\cdot)$ 是 $\mathfrak{B}(R^n)$ 中的概率测度.

(3) 对任意的 $0 \leqslant s \leqslant t < \infty$, $A \in \mathfrak{B}(R^n)$, $P(s,\cdot;t,A)$ 是 Borel 可测的.

(4) 对任意的 $0 \leqslant s \leqslant u \leqslant t < \infty$, $x \in R^n$, $A \in \mathfrak{B}(R^n)$, Kolmogorov-Chapman 方程

$$P(s,x;t,A) = \int_{R^n} P(u,y;t,A)P(s,x;u,dy)$$

成立.

定义 1.6 [31] 随机过程 $\xi(t) = \xi(t,\omega)(-\infty < t < \infty)$ 称为是周期 θ 的, 如果对任意有限的数 $t_1, t_2, \cdots, t_n$, $\xi(t_1 + h), \cdots, \xi(t_n + h)$ 的联合分布与 h 是独立的, 其中 $h = k\theta(k = \pm1, \pm2, \cdots)$.

注 1.1 Has′minskii[31] 指出, 一个 Markov 过程 $x(t)$ 是 θ-周期的当且仅当其转移概率函数是 θ 周期的, 且函数 $P_0(t, A) = P\{X(t) \in A\}$ 满足下面方程:

$$P_0(s, A) = \int_{R^l} P_0(s, dx) P(s, x; s + \theta, A) \equiv P_0(s + \theta, A), \quad \forall A \in \mathfrak{B}(R^n).$$

考虑如下方程

$$X(t) = X(t_0) + \int_{t_0}^t b(s, X(s))ds + \sum_{r=1}^k \int_{t_0}^t \sigma_r(s, X(s))dB_r(s), \tag{1.2}$$

假设系数 $b(s, x), \sigma_1(s, x), \sigma_2(s, x), \cdots, \sigma_r(s, x)$ 满足下列条件:

$$|b(s, x) - b(s, y)| + \sum_{r=1}^k |\sigma_r(s, x) - \sigma_r(s, y)| \leqslant B|x - y|,$$

$$|b(s, x)| + \sum_{r=1}^k |\sigma_r(s, x)| \leqslant B(1 + |x|), \tag{1.3}$$

其中 B 是一个常数.

引理 1.5 [31] 设方程 (1.2) 的系数关于 t 是 θ 周期的, 且在每个柱形 $I \times U$ 中条件 (1.3) 成立, 并且假设存在一个 C^2- 函数 $V(t, x)$ 关于 t 是 θ 周期的, 且下列条件在某个紧集外成立:

$$\inf_{|x|>R} V(t, x) \to \infty, \quad R \to \infty, \tag{1.4}$$

$$LV(t, x) \leqslant -1. \tag{1.5}$$

则方程 (1.2) 存在一个 θ 周期的解.

注 1.2 根据引理 1.5 的证明可知: 条件 (1.3) 是用来保证方程 (1.2) 解的存在唯一性. 因此, 当条件 (1.3) 被其他保证解的存在唯一性条件代替时, 引理 1.5 仍是成立的.

假设 $X(t)$ 是 E_l (l 维欧几里得空间) 中的一个自治 Markov 过程, 可表示为如下随机微分方程

$$dX(t) = b(X)dt + \sum_{r=1}^k g_r(X)dB_r(t). \tag{1.6}$$

其扩散阵为

$$\Lambda(x) = (\lambda_{ij}(x)), \quad \lambda_{ij}(x) = \sum_{r=1}^k g_r^i(x)g_r^j(x).$$

作如下假设:

(A) 存在具有正则边界 Γ 的有界区域 $U \subset E_l$, 具有如下性质:

(A1) 在 U 和它的一些邻域, 扩散阵 $A(x)$ 的最小特征值是非零的.

(A2) 当 $x \in E_l \setminus U$ 时, 从 x 出发的轨道到达集合 U 的平均时间 τ 是有限的, 且对每个紧子集 $K \subset E_l$ 有 $\sup\limits_{x \in K} E_x \tau < \infty$.

引理 1.6 [5]   若假设 (A) 成立, 则 Markov 过程 $X(t)$ 存在不变分布 $\mu(\cdot)$. 令 $f(\cdot)$ 是关于测度 μ 可积的函数. 则对所有的 $x \in E_l$ 有如下公式成立:

$$P_x \left\{ \lim_{T \to \infty} \frac{1}{T} \int_0^T f(X(t)) dt = \int_{E_l} f(x) \mu(dx) \right\} = 1.$$

注 1.3   为验证 (A1) 成立, 只需证明 F 在 U 中是一致椭圆的 [29, 66], 其中 $Fu = b(x) \cdot u_x + \frac{1}{2} \mathrm{tr}(A(x) u_{xx})$, 即证存在正数 M 满足

$$\sum_{i,j=1}^{l} a_{ij}(x) \xi_i \xi_j \geqslant M |\xi|^2, \quad x \in U, \quad \xi \in R^l.$$

为验证 (A2) 成立, 只要证明存在非负的 C^2 函数及邻域 U, 使得对任意的 $E_l \setminus U$, LV 是负的 [67].

设 G 为一个向量或矩阵, $G \geqslant 0$ 表示 G 的每一个元素都是非负的. $G > 0$ 表示 $G \geqslant 0$, 且至少一个元素是正的. $G \gg 0$ 表示 G 的所有元素都是正的. 令

$$Z^{n \times n} = \{A = (a_{ij})_{n \times n} : a_{ij} \leqslant 0, i \neq j\}.$$

定义 1.7 [31]   方阵 $A = (a_{ij})_{n \times n}$ 称为非奇异 M-矩阵, 若 A 可以表示成下面形式:

$$A = sI - G,$$

其中 $G \geqslant 0$, $s > \rho(G)$, I 为单位阵, $\rho(G)$ 为 G 的谱半径.

引理 1.7 [65]   若 $A \in Z^{n \times n}$, 其中 $Z^{n \times n} = \{A = (a_{ij})_{n \times n} : a_{ij} \leqslant 0, i \neq j\}$, 则下列表述都是等价的:

(1) A 是非奇异的 M-矩阵;

(2) A 的所有顺序主子式都是正的;

(3) 对 R^n 中任意的 $y \gg 0$, 线性方程 $Ax = y$ 存在唯一的解 $x \gg 0$.

引理 1.8 [68]   若 A 是非奇异 M-矩阵, 则存在正的对角矩阵 D, 使得矩阵 $B = \frac{1}{2}(DA + A^{\mathrm{T}} D)$ 为正定的, 其中

$$D = \begin{pmatrix} d_1 & 0 & \cdots & 0 \\ 0 & d_2 & \cdots & 0 \\ \vdots & \vdots & & \vdots \\ 0 & 0 & \cdots & d_n \end{pmatrix}, \quad d_i > 0, \ i = 1, 2, \cdots, n.$$

定理 1.4 (常用的不等式)[61]   (1) Young 不等式.

$$|a|^{\beta}|b|^{(1-\beta)} \leqslant \beta|a| + (1-\beta)|b|,$$

其中 $a, b \in R, \beta \in [0, 1]$.

Young 不等式的变形:

$$|a|^p|b|^q \leqslant \varepsilon|a|^{p+q} + \frac{q}{p+q}\left[\frac{p}{\varepsilon(p+q)}\right]^{\frac{p}{q}}|b|^{p+q},$$

其中 $a, b \in R, p, q, \varepsilon > 0$.

(2) Hölder 不等式.

$$|E(X^{\mathrm{T}}Y)| \leqslant (E|X|^p)^{1/p}(E|Y|^q)^{1/q},$$

若 $p > 1, 1/p + 1/q = 1, X \in L^p, Y \in L^q$.

(3) 矩不等式.

令 $p \geqslant 2$. 设 $g \in \mathcal{M}^2\{[0, T]; R^{n \times m}\}$ 使得

$$E\int_0^T |g(s)^p|ds < \infty,$$

则有

$$E\left|\int_0^T g(s)dB(s)\right|^p \leqslant \left(\frac{p(p-1)}{2}\right)^{\frac{p}{2}} T^{\frac{p-2}{2}} E\int_0^T |g(s)^p|ds,$$

其中 $\mathcal{M}^2\{[0, T]; R^{n \times m}\}$ 表示 $n \times m$ 矩阵值可测的 $\{\mathscr{F}_t\}$ 适应过程 $f = \{f_{ij}(t)\}_{0 \leqslant t \leqslant T}$ 的集合, 且 $f = \{f_{ij}(t)\}_{0 \leqslant t \leqslant T}$ 满足 $E\int_0^T |f(s)^2|ds < \infty$. 特别地, 若 $p = 2$, 则上式等号成立.

(4) 指数鞅不等式.

令 $g = (g_1, g_2, \cdots, g_m) \in \mathcal{L}^2(R_+; R^{1 \times m})$, T, α, β 为任意的正数. 则

$$P\left\{\sup_{0 \leqslant t \leqslant T}\left[\int_0^t g(s)dB(s) - \frac{\alpha}{2}\int_0^t |g(s)|^2ds\right] > \beta\right\} \leqslant \mathrm{e}^{-\alpha\beta}.$$

(5) Minkowski 不等式.

如果 $p > 1, X, Y \in L^p$, 则

$$(E|X + Y|^p)^{1/p} \leqslant (E|X|^p)^{1/p} + (E|Y|^p)^{1/p}.$$

第2章　随机多种群互惠型生态系统

互惠系统在种群动力学理论中占有非常重要的地位, 很多学者都对互惠系统进行过细致的研究. 经典的非自治的 n 种群互惠系统用方程可表示为

$$dx_i(t) = x_i(t)\left(r_i(t) - a_{ii}(t)x_i(t) + \sum_{j \neq i} a_{ij}(t)x_j(t)\right)dt, \quad i = 1, 2, \cdots, n, \quad (2.1)$$

其中 $x_i(t)$ 为第 i 个种群在 t 时刻的密度, $r_i(t)$ 为第 i 个种群 x_i 在 t 时刻的内禀增长率, a_{ii} 表示 t 时刻第 i 个种群内部竞争造成的衰减率, a_{ij} 代表 t 时刻第 i 个种群受第 j 个种群 $x_j(i, j = 1, 2, \cdots, n, i \neq j)$ 的作用而产生的增长率. 很多学者对模型 (2.1) 的全局吸引性、持久性、非持久性等 [69-72] 进行了研究.

现实世界中, 环境经常会受到一些因素的影响而发生变化, 例如, 季节的变换、食物的供应、天气的变化等. 因此假设系统 (2.1) 的参数是周期的也是合理的. 关于连续和离散的周期互惠系统的周期解及概周期解有很多好的结果 [50, 51, 59, 71, 73].

另一方面, 如果模型 (2.1) 中的参数都为常数, 则有如下常系数的互惠系统:

$$dx_i(t) = x_i(t)\left(r_i - a_{ii}x_i(t) + \sum_{j \neq i} a_{ij}x_j(t)\right)dt, \quad i = 1, 2, \cdots, n, \quad (2.2)$$

特别地, 陈兰荪等 [13] 研究了系统 (2.2) 正平衡点的全局稳定性, 并给出如下的充分条件:

(i) 存在一个矩阵 $G = (G_{ij})_{n \times n}$, 使得对所有的 $i, j = 1, 2, \cdots, n$, 有

$$-a_{ii} \leqslant G_{ii}, \quad a_{ij} \leqslant G_{ij}, \quad i \neq j.$$

(ii) $-G$ 的所有顺序主子式都是正的. 定义矩阵 A 为

$$A = \begin{pmatrix} a_{11} & -a_{12} & \cdots & -a_{1n} \\ -a_{21} & a_{22} & \cdots & -a_{2n} \\ \vdots & \vdots & & \vdots \\ -a_{n1} & -a_{n2} & \cdots & a_{nn} \end{pmatrix},$$

若矩阵 A 为非奇异的 M-矩阵 (M-矩阵的定义及性质见文献 [13, 65]), 选择 $-G = A$, 则条件 (i) 和 (ii) 都满足. 换句话说, 如果矩阵 A 是一个非奇异的 M-矩阵, 则系统

(2.2) 的正平衡点是全局渐近稳定的. 很多其他的文献也对互惠系统的动力学行为进行了研究 [50, 74, 75].

事实上, 种群动力系统经常会受到环境白噪声的影响. 本章主要考虑如下两种情况, 一种是系统 (2.1) 中参数 $r_i(t)$ 受随机扰动的影响, 即

$$r_i(t) \to r_i(t) + \sigma_i(t)\dot{B}_i(t), \quad i = 1, 2, \cdots, n,$$

则得到如下的随机系统

$$dx_i(t) = x_i(t) \left[\left(r_i(t) - a_{ii}(t)x_i(t) + \sum_{j \neq i} a_{ij}(t)x_j(t) \right) dt + \sigma_i(t)dB_i(t) \right], \quad (2.3)$$

其中 $i = 1, 2, \cdots, n$, $B_i(t)$ 为标准的一维布朗运动, $\sigma_i^2(t) > 0$ 为 t 时刻白噪声的强度.

目前, 对于随机微分方程周期解的研究非常少. 然而, 周期解是对动力系统进行定性分析的一个非常重要的方面. 本章的目的之一就是通过构造合适的 Lyapunov 函数、应用 Has′minskii 的理论及 M-矩阵理论, 研究系统 (2.3) 正解的存在唯一性、正周期解存在的充分条件及正周期解的全局吸引性等.

另一方面, 噪声的强度可能依赖于人口的密度 [60]. 本章考虑的另一种情况是系统 (2.2) 中参数 r_i 受到如下形式的扰动, 即

$$r_i \to r_i + \sigma_i x_i(t)\dot{B}_i(t), \quad i = 1, 2, \cdots, n.$$

则有如下的随机系统

$$dx_i(t) = x_i(t) \left[\left(r_i - a_{ii}x_i(t) + \sum_{j \neq i} a_{ij}x_j(t) \right) dt + \sigma_i x_i(t)dB_i(t) \right], \quad (2.4)$$

其中 $i = 1, 2, \cdots, n$, $B_i(t)$ 是一维标准布朗运动, $\sigma_i^2 > 0$ 是白噪声的强度.

本章中, x 的范数记为 $|x| = \sqrt{x_1^2 + x_2^2 + \cdots + x_n^2}$. 如果 Q 为矩阵, 则其转置记为 Q^{T}.

2.1 随机非自治的多种群互惠型生态系统

2.1.1 系统 (2.3) 全局正解的存在唯一性

设 $f(t)$ 是定义在 $[0, +\infty)$ 上的连续有界函数, 定义

$$f^u = \sup_{t \subset [0, +\infty)} f(t), \quad f^l = \inf_{t \in [0, +\infty)} f(t).$$

设

$$\widetilde{A} = \begin{pmatrix} a_{11}^l & -a_{12}^u & \cdots & -a_{1n}^u \\ -a_{21}^u & a_{22}^l & \cdots & -a_{2n}^u \\ \vdots & \vdots & & \vdots \\ -a_{n1}^u & -a_{n2}^u & \cdots & a_{nn}^l \end{pmatrix},$$

其中 $a_{ij}^u = \sup\limits_{t\in[0,+\infty)} a_{ij}(t),\ a_{ij}^l = \inf\limits_{t\in[0,+\infty)} a_{ij}(t),\ a_{ij}(t)(i,j=1,2,\cdots,n)$ 是系统 (2.3) 的系数.

假设

(H) $r_i(t), a_{ij}(t), \sigma_i(t)(i,j=1,2,\cdots,n)$ 是非负连续 θ-周期函数, 且 $a_{ii}^l > 0$.

若对系统 (2.3) 的系数加以简单的限制, 则 (2.3) 的正解是全局存在的.

定理 2.1　设 $\widetilde{A}$ 为非奇异的 M-矩阵, 则对任意给定的初值 $x(0) = x_0 \in R_+^n$, 系统 (2.3) 存在唯一解 $x(t) = (x_1(t), x_2(t), \cdots, x_n(t)) \in R_+^n$, 并且解以概率 1 存在于 R_+^n 中.

证明　显然, 方程 (2.3) 的系数是局部利普希茨 (Lipschitz) 连续的. 对任意给定的初值 $x(0) \in R_+^n$, 存在唯一局部解 $x(t), t \in [0, \tau_e)$, 其中 τ_e 为爆破时间 [61, 62]. 为证明解是全局的, 只需证明 $\tau_e = \infty$ a.s. 设 $m_0 > 0$ 足够大, 使得 $x(0)$ 的所有分量都位于 $\left[\dfrac{1}{m_0}, m_0\right]$ 中. 对于任意的正数 $m \geqslant m_0$, 定义如下的停时:

$$\tau_m = \inf\left\{ t \in [0, \tau_e) : x_i(t) \notin \left(\frac{1}{m}, m\right) \text{ 对于某个 } i=1,2,\cdots,n \right\},$$

令 $\inf \varnothing = \infty$. 则 τ_m 关于 m 是单调递增的. 设 $\tau_\infty = \lim\limits_{m\to\infty} \tau_m$, 则 $\tau_\infty \leqslant \tau_e$. 显然若 $\tau_\infty = \infty$ a.s., 则 $\tau_e = \infty$ a.s., 因此为证明解是全局的, 只需证

$$\tau_\infty = \infty \quad \text{a.s.}$$

如果上式不成立, 则存在一对常数 $T > 0$ 和 $\varepsilon \in (0,1)$, 使得

$$P\{\tau_\infty \leqslant T\} > \varepsilon.$$

从而存在整数 $m_1 \geqslant m_0$, 使得对所有的 $m \geqslant m_1$ 有

$$P\{\tau_m \leqslant T\} \geqslant \varepsilon, \quad m \geqslant m_1. \tag{2.5}$$

定义函数 $V: R_+^n \to R_+^n$ 如下:

$$V(x_1, x_2, \cdots, x_n) = \sum_{i=1}^n d_i(x_i - 1 - \log x_i),$$

其中 d_i 为常数, 且使得 $B = \dfrac{1}{2}(D\widetilde{A} + \widetilde{A}^{\mathrm{T}} D)$ 是正定的, $D = \mathrm{diag}(d_1, d_2, \cdots, d_n)$. 引理 1.8 可以保证矩阵 D 的存在性. 由伊藤公式可得

$$dV(x_1, x_2, \cdots, x_n) = LVdt + \sum_{i=1}^{n} d_i(x_i - 1)\sigma_i(t)dB_i(t), \qquad (2.6)$$

其中

$$LV = \sum_{i=1}^{n} d_i x_i \left(r_i(t) - a_{ii}(t)x_i + \sum_{j \neq i} a_{ij}(t)x_j \right)$$
$$- \sum_{i=1}^{n} d_i \left[\left(r_i(t) - \frac{\sigma_i^2(t)}{2} \right) - a_{ii}(t)x_i + \sum_{j \neq i} a_{ij}(t)x_j \right].$$

则

$$LV \leqslant \sum_{i=1}^{n} d_i(r_i^u + a_{ii}^u)x_i - \sum_{i=1}^{n} d_i x_i \left(a_{ii}^l x_i - \sum_{j \neq i} a_{ij}^u x_j \right) - \sum_{i=1}^{n} d_i \left(r_i^l - \frac{\sigma_i^{2\,u}}{2} \right)$$
$$= \sum_{i=1}^{n} d_i(r_i^u + a_{ii}^u)x_i - \frac{1}{2}x^{\mathrm{T}}(D\widetilde{A} + \widetilde{A}^{\mathrm{T}} D)x - \sum_{i=1}^{n} d_i \left(r_i^l - \frac{\sigma_i^{2\,u}}{2} \right)$$
$$\leqslant \sum_{i=1}^{n} d_i(r_i^u + a_{ii}^u)x_i - \lambda|x|^2 - \sum_{i=1}^{n} d_i \left(r_i^l - \frac{\sigma_i^{2\,u}}{2} \right), \qquad (2.7)$$

此处 $x = (x_1, x_2, \cdots, x_n)^{\mathrm{T}}$, λ 是矩阵 B 的最小特征值. 显然

$$LV \leqslant K,$$

其中 K 是常数. 则对任意的 $0 \leqslant t_1 \leqslant T$, 有

$$\int_0^{\tau_m \wedge t_1} dV(x_1, x_2, \cdots, x_n) \leqslant KT + \int_0^{\tau_m \wedge t_1} \sum_{i=1}^{n} d_i(x_i - 1)\sigma_i(t)dB_i(t).$$

上式两端同时取期望, 则有

$$E[V(x_1(\tau_m \wedge t_1), x_2(\tau_m \wedge t_1), \cdots, x_n(\tau_m \wedge t_1))] \leqslant V(x(0)) + KT. \qquad (2.8)$$

令

$$\Omega_m = \{\tau_m \leqslant T\},$$

其中 $m \geqslant m_1$. 由 (2.5), 可得

$$P(\Omega_m) \geqslant \varepsilon.$$

对任意的 $\omega \in \Omega_m$, $x_1(\tau_m,\omega), x_2(\tau_m,\omega), \cdots, x_n(\tau_m,\omega)$ 中至少有一个分量等于 m 或者 $\dfrac{1}{m}$. 则对某个 $k_0(1 \leqslant k_0 \leqslant n)$, 有

$$V(x_1(\tau_m), x_2(\tau_m), \cdots, x_n(\tau_m)) \geqslant [d_{k_0}(m-1-\log m)] \wedge \left[d_{k_0}\left(\frac{1}{m}-1-\log\frac{1}{m}\right)\right].$$

由 (2.8) 可得

$$V(x(0)) + KT \geqslant E[I_{\Omega_m} V(x_1(\tau_m), x_2(\tau_m), \cdots, x_n(\tau_m))]$$
$$\geqslant \varepsilon[d_{k_0}(m-1-\log m)] \wedge \left[d_{k_0}\left(\frac{1}{m}-1-\log\frac{1}{m}\right)\right],$$

其中 I_{Ω_m} 是 Ω_m 的示性函数. 令 $m \to \infty$, 则产生如下矛盾:

$$\infty > V(x(0)) + KT = \infty.$$

因此有

$$\tau_\infty = \infty \quad \text{a.s.}$$

定理 2.1 证毕.

2.1.2 系统 (2.3) 正周期解的存在性

周期解是对系统进行定性分析的一个非常重要的部分. 因此找到非自治系统周期解存在的条件是非常有意义的. 本节, 我们将讨论系统 (2.3) 在分布意义下周期解 [31] 的存在性.

定理 2.2 假设条件 (H) 成立. 若 $\widetilde{A}$ 为非奇异的 M-矩阵且

$$\int_0^\theta \left(r_i(s) - \frac{\sigma_i^2(s)}{2}\right) ds > 0, \quad i = 1, 2, \cdots, n,$$

则系统 (2.3) 存在正的 θ-周期解.

证明 定理 2.1 保证了方程 (2.3) 正解的存在唯一性. 根据注 1.1, 要证明定理 2.2, 只需证明条件 (1.4) 和 (1.5) 成立即可. 定义非负的 C^2 函数 V 如下:

$$V(t, x_1, x_2, \cdots, x_n) = \sum_{i=1}^n d_i x_i + \sum_{i=1}^n \frac{1-qw_i(t)}{x_i^q}$$
$$:= V_1 + V_2,$$

其中 $d_1, d_2, \cdots, d_n$ 的定义方法与定理 2.1 中相同, $w_i(t) \in C^1(R_+, R)$ 是周期为 θ 的函数, q 为充分小的正数, 使得下面各式成立:

$$q < \min_{1 \leqslant i \leqslant n} \frac{1}{|w_i|^u},$$

$$\frac{1}{\theta} \int_0^\theta \left(r_i(s) - \frac{1}{2}\sigma_i^2(s) \right) ds - \frac{q}{2}\sigma_m^{2^u} - q|w_m|^u \left(r_i^u + \frac{1}{2}(q+1)\sigma_m^{2^u} \right) > 0, \quad 1 \leqslant m \leqslant n.$$
$$(2.9)$$

条件 $\int_0^\theta \left(r_i(s) - \dfrac{\sigma_i^2(s)}{2} \right) ds > 0$ 可以保证上式成立. 显然

$$\liminf_{k \to \infty, (x_1, x_2, \cdots, x_n) \in R_+^n \backslash U_k} V(t, x_1, x_2, \cdots, x_n) = \infty, \qquad (2.10)$$

其中

$$U_k = \left\{ (x_1, x_2, \cdots, x_n) : (x_1, x_2, \cdots, x_n) \in \left(\frac{1}{k}, k \right) \times \left(\frac{1}{k}, k \right) \times \cdots \times \left(\frac{1}{k}, k \right) \right\}.$$

根据伊藤公式有

$$\begin{aligned}
LV_1 &= \sum_{i=1}^n d_i x_i \left(r_i(t) - a_{ii}(t)x_i + \sum_{j \neq i} a_{ij}(t)x_j \right) \\
&\leqslant \sum_{i=1}^n d_i x_i \left(r_i^u - a_{ii}^l x_i + \sum_{j \neq i} a_{ij}^u x_j \right) \\
&= \sum_{i=1}^n d_i r_i^u x_i - \frac{1}{2} x^{\mathrm{T}} (D\widetilde{A} + \widetilde{A}^{\mathrm{T}} D) x \\
&\leqslant \sum_{i=1}^n d_i r_i^u x_i - \lambda |x|^2 \leqslant M - \frac{\lambda}{2} |x|^2,
\end{aligned} \qquad (2.11)$$

其中 D 和 λ 的定义与定理 2.1 中的相同, 且

$$M = \sup_{x \in R_+^n} \left\{ \sum_{i=1}^n d_i r_i^u x_i - \frac{\lambda}{2} |x|^2 \right\} < \infty,$$

$$\begin{aligned}
LV_2 &= -q \sum_{i=1}^n x_i^{-q} (1 - qw_i(t)) \left(r_i(t) - \frac{1}{2}(q+1)\sigma_i^2(t) - a_{ii}(t)x_i + \sum_{j \neq i} a_{ij}(t)x_j \right) \\
&\quad - q \sum_{i=1}^n w_i'(t) x_i^{-q} \\
&\leqslant -q \sum_{i=1}^n x_i^{-q} (1 - qw_i(t)) \left(r_i(t) - \frac{1}{2}(q+1)\sigma_i^2(t) - a_{ii}^u x_i \right) - q \sum_{i=1}^n w_i'(t) x_i^{-q} \\
&\leqslant -q \sum_{i=1}^n x_i^{-q} \left(r_i(t) - \frac{1}{2}\sigma_i^2(t) - \frac{q}{2}\sigma_i^{2^u} + w_i'(t) - q|w_i|^u \left(r_i^u + \frac{1}{2}(q+1)\sigma_i^{2^u} \right) \right) \\
&\quad + q \sum_{i-1}^n (1 + q|w_i|^u) a_{ii}^u x_i^{1-q}. \qquad (2.12)
\end{aligned}$$

令

$$w_i'(t) = \frac{1}{\theta} \int_0^\theta \left(r_i(s) - \frac{1}{2}\sigma_i^2(s) \right) ds - \left(r_i(t) - \frac{1}{2}\sigma_i^2(t) \right). \tag{2.13}$$

则 $w_i(t)$ 是周期为 θ 的函数. 事实上,

$$
\begin{aligned}
w_i(t+\theta) - w_i(t) &= \int_t^{t+\theta} w_i'(s)ds \\
&= \int_0^\theta \left(r_i(s) - \frac{1}{2}\sigma_i^2(s) \right) ds - \int_t^{t+\theta} \left(r_i(s) - \frac{1}{2}\sigma_i^2(s) \right) ds \\
&= 0.
\end{aligned}
$$

将 (2.13) 代入 (2.12) 有

$$
\begin{aligned}
LV_2 \leqslant &-q\sum_{i=1}^n x_i^{-q} \left[\frac{1}{\theta}\int_0^\theta \left(r_i(s) - \frac{1}{2}\sigma_i^2(s) \right) ds - \frac{q}{2}\sigma_i^{2u} - q|w_i|^u \left(r_i^u + \frac{1}{2}(q+1)\sigma_i^{2u} \right) \right] \\
&+ q\sum_{i=1}^n (1 + q|w_i|^u)a_{ii}^u x_i^{1-q}.
\end{aligned} \tag{2.14}
$$

因此

$$
\begin{aligned}
LV =\ & LV_1 + LV_2 \\
\leqslant\ & M - \frac{\lambda}{2}|x|^2 + q\sum_{i=1}^n (1 + q|w_i|^u)a_{ii}^u x_i^{1-q} \\
& - q\sum_{i=1}^n x_i^{-q} \left[\frac{1}{\theta}\int_0^\theta \left(r_i(s) - \frac{1}{2}\sigma_i^2(s) \right) ds - \frac{q}{2}\sigma_i^{2u} - q|w_i|^u \left(r_i^u + \frac{1}{2}(q+1)\sigma_i^{2u} \right) \right].
\end{aligned} \tag{2.15}
$$

设

$$\widetilde{U} = \left\{ (x_1, x_2, \cdots, x_n) \in R_+^n, \varepsilon \leqslant x_i \leqslant \frac{1}{\varepsilon} \right\},$$

其中 ε 是充分小的正数且对任意的 $1 \leqslant m \leqslant n$, 使得如下两个条件成立:

$$M_1 - q\varepsilon^{-q} \left[\frac{1}{\theta}\int_0^\theta \left(r_i(s) - \frac{1}{2}\sigma_i^2(s) \right) ds - \frac{q}{2}\sigma_m^{2u} - q|w_m|^u \left(r_m^u + \frac{1}{2}(q+1)\sigma_m^{2u} \right) \right] \leqslant -1, \tag{2.16}$$

$$M_2 - \frac{\lambda}{4}\frac{1}{\varepsilon^2} \leqslant -1, \tag{2.17}$$

其中

$$M_1 = \sup_{x \in R_+^n} \left\{ M - \frac{\lambda}{2}|x|^2 + q\sum_{i=1}^n (1 + q|w_i|^u)a_{ii}^u x_i^{1-q} \right\} < \infty,$$

$$M_2 = \sup_{x \in R_+^n} \left\{ M + q \sum_{i=1}^n (1+q|w_i|^u)a_{ii}^u x_i^{1-q} - \frac{\lambda}{4}|x|^2 \right\} < \infty.$$

下面分两种情况进行讨论:

(1) 对任意固定的 $m(1 \leqslant m \leqslant n)$, 若 $0 < x_m < \varepsilon$, 则有

$$
\begin{aligned}
LV \leqslant{} & M - \frac{\lambda}{2}|x|^2 + q \sum_{i=1}^n (1+q|w_i|^u)a_{ii}^u x_i^{1-q} \\
& - q x_m^{-q} \left[\frac{1}{\theta} \int_0^\theta \left(r_i(s) - \frac{1}{2}\sigma_i^2(s) \right) ds - \frac{q}{2}\sigma_m^{2u} \right. \\
& \left. - q|w_m|^u \left(r_i^u + \frac{1}{2}(q+1)\sigma_m^{2u} \right) \right] \\
\leqslant{} & M_1 - q\varepsilon^{-q} \left[\frac{1}{\theta} \int_0^\theta \left(r_i(s) - \frac{1}{2}\sigma_i^2(s) \right) ds - \frac{q}{2}\sigma_m^{2u} \right. \\
& \left. - q|w_m|^u \left(r_i^u + \frac{1}{2}(q+1)\sigma_m^{2u} \right) \right],
\end{aligned}
$$

由 (2.16) 可知

$$LV \leqslant -1.$$

(2) 对任意固定的 $m(1 \leqslant m \leqslant n)$, 若 $x_m > \dfrac{1}{\varepsilon}$, 则有

$$
\begin{aligned}
LV \leqslant{} & M - \frac{\lambda}{2}|x|^2 + q \sum_{i=1}^n (1+q|w_i|^u)a_{ii}^u x_i^{1-q} \\
={} & M - \frac{\lambda}{4}|x|^2 + q \sum_{i=1}^n (1+q|w_i|^u)a_{ii}^u x_i^{1-q} - \frac{\lambda}{4}|x|^2 \\
\leqslant{} & M_2 - \frac{\lambda}{4}x_m^2 \leqslant M_2 - \frac{\lambda}{4}\frac{1}{\varepsilon^2},
\end{aligned}
$$

由 (2.17) 可得

$$LV \leqslant -1.$$

根据以上讨论可知

$$LV \leqslant -1, \quad x \in R_+^n \setminus \widetilde{U}. \tag{2.18}$$

因而由条件 (2.18) 和 (2.10) 可得引理 1.5 中条件 (1.4) 和 (1.5) 都满足. 因此定理得证.

2.1.3　系统 (2.3) 的灭绝性

本节将讨论系统 (2.3) 的灭绝性. 由下面定理可知, 当噪声强度足够大时, 所有种群都会灭绝.

定理 2.3　假设 $\widetilde{A}$ 为非奇异 M-矩阵, 若 $\check{r} - \dfrac{\hat{\sigma}^2}{2} < 0$, 其中 $\check{r} = \max\limits_{1 \leqslant i \leqslant n}\{r_i^u\}$, $\hat{\sigma}^2 = \min\limits_{1 \leqslant i \leqslant n}\{\sigma_i^{2l}\}$, 则对任意给定的初始值 $x(0) = x_0 \in R_+^n$, 系统 (2.3) 的解有如下性质:

$$\lim_{t \to \infty} |x(t)| = 0.$$

证明　设

$$V(x) = \sum_{i=1}^{n} d_i x_i,$$

其中 $d_1, d_2, \cdots, d_n$ 与定理 2.1 中定义相同. 由伊藤公式可得

$$dV(x) = \sum_{i=1}^{n} d_i x_i(t) \left[\left(r_i(t) - a_{ii}(t) x_i(t) + \sum_{j \neq i} a_{ij}(t) x_j(t) \right) dt + \sigma_i(t) dB_i(t) \right].$$

则

$$
\begin{aligned}
d \log V(x) &= \frac{1}{V} dV - \frac{1}{2V^2} d\langle V \rangle \\
&= \frac{1}{V} \sum_{i=1}^{n} d_i x_i(t) \left[\left(r_i(t) - a_{ii}(t) x_i(t) + \sum_{j \neq i} a_{ij}(t) x_j(t) \right) dt + \sigma_i(t) dB_i(t) \right] \\
&\quad - \frac{1}{2V^2} \left(\sum_{i=1}^{n} d_i \sigma_i(t) x_i(t) \right)^2 dt.
\end{aligned}
$$

首先计算

$$
\frac{1}{V} \sum_{i=1}^{n} d_i x_i \left(-a_{ii}(t) x_i + \sum_{j \neq i} a_{ij}(t) x_j \right) \leqslant \frac{1}{V} \sum_{i=1}^{n} d_i x_i \left(-a_{ii}^l x_i + \sum_{j \neq i} a_{ij}^u x_j \right)
$$

$$
= -\frac{x^{\mathrm{T}}(D\widetilde{A} + \widetilde{A}^{\mathrm{T}} D)x}{2V} \leqslant -\frac{\lambda |x|^2}{V} \leqslant 0, \tag{2.19}
$$

其中 λ 是矩阵 $\dfrac{1}{2}(D\widetilde{A} + \widetilde{A}^{\mathrm{T}} D)$ 的最小特征值. 然后计算

$$
\frac{1}{V} \sum_{i=1}^{n} d_i r_i(t) x_i - \frac{1}{2V^2} \left(\sum_{i=1}^{n} d_i \sigma_i(t) x_i \right)^2 \leqslant \check{r} - \frac{\hat{\sigma}^2}{2} < 0. \tag{2.20}
$$

由 (2.19) 和 (2.20) 有

$$d \log V(x) \leqslant \left(r_i^u - \frac{\sigma_i^{2l}}{2} \right) dt + \frac{1}{V} \sum_{i=1}^{n} d_i \sigma_i(t) x_i dB_i(t).$$

因此

$$\log V(x) \leqslant \log V(0) + \int_0^t \left(r_i^u - \frac{\sigma_i^{2l}}{2} \right) ds + M(t), \tag{2.21}$$

其中

$$M(t) = \int_0^t \frac{1}{V} \sum_{i=1}^{n} d_i \sigma_i(s) x_i dB_i(s).$$

$M(t)$ 的平方变差为

$$\langle M, M \rangle_t = \int_0^t \frac{\left(\sum\limits_{i=1}^{n} d_i \sigma_i(s) x_i \right)^2}{V^2} ds \leqslant \sigma_i^{2u} t.$$

由强大数定律可得

$$\lim_{t \to \infty} \frac{M(t)}{t} = 0 \ \text{a.s.}$$

(2.21) 两端同时除以 t 且令 $t \to \infty$, 可得

$$\limsup_{t \to \infty} \frac{\log V(x(t))}{t} \leqslant r_i^u - \frac{\sigma_i^{2l}}{2}.$$

若 $r_i^u - \frac{\sigma_i^{2l}}{2} < 0$, 则有

$$\lim_{t \to \infty} |x(t)| = 0.$$

定理得证.

2.1.4 系统 (2.3) 周期解的全局吸引性

定义 2.1 设 $x^*(t)$ 为系统 (2.3) 的一个周期解, $x(t)$ 为系统 (2.3) 的具有初始值 $x(0) > 0$ 的任意解, 如果

$$\lim_{t \to \infty} |x(t) - x^*(t)| = 0, \quad \text{对几乎所有的} \ \omega \in \Omega,$$

则称系统 (2.3) 的周期解 $x^*(t)$ 是全局吸引的.

利用文献 [76] 中引理 3.1 的方法, 可得如下引理.

引理 2.1　　设 $\widetilde{A}$ 为非奇异 M-矩阵, 则对任意初始值 $x(0) = x_0 \in R_+^n$, 系统 (2.3) 的解有如下性质:

$$\limsup_{t\to\infty} E(|x_i(t)|^p) \leqslant K_i(p), \quad 对任意 \quad p > 0,$$

其中 $K_i(p)$ 为正常数.

定理 2.4　　假设条件 (H) 成立. 若 $\widetilde{A}$ 为非奇异 M-矩阵, $\int_0^\theta \left(r_i(s) - \dfrac{\sigma_i^2(s)}{2} \right) ds > 0, i = 1, 2, \cdots, n$, 则系统 (2.3) 的周期解是全局吸引的.

证明　　由定理 2.2 可知, 系统 (2.3) 存在一个正周期解 $x^*(t)$. 令 $x(t)$ 为系统 (2.3) 的任意一个解. 定义函数 V 如下:

$$V(t) = \sum_{i=1}^n k_i |\log x_i(t) - \log x_i^*(t)|,$$

其中 k_i 为正常数, 使得

$$\widetilde{A}^{\mathrm{T}}(k_1, k_2, \cdots, k_n)^{\mathrm{T}} = (1, 1, \cdots, 1)^{\mathrm{T}},$$

即

$$k_i a_{ii}^l - \sum_{j\neq i} k_j a_{ji}^u = 1, \quad 1 \leqslant i \leqslant n. \tag{2.22}$$

如果 $\widetilde{A}$ 是非奇异 M-矩阵, 则 $\widetilde{A}^{\mathrm{T}}$ 也是非奇异 M-矩阵, k_i 的存在性可由引理 1.7 保证. 由伊藤公式可得

$$d(\log x_i(t) - \log x_i^*(t)) = - \left(a_{ii}(t)(x_i(t) - x_i^*(t)) - \sum_{j\neq i} a_{ij}(t)(x_j(t) - x_j^*(t)) \right) dt. \tag{2.23}$$

沿着方程 (2.23) 计算 $V(t)$ 的右导数可得

$$
\begin{aligned}
d^+ V(t) &= \sum_{i=1}^n k_i \mathrm{sgn}(x_i(t) - x_i^*(t)) d(\log x_i(t) - \log x_i^*(t)) \\
&= - \sum_{i=1}^n k_i \mathrm{sgn}(x_i(t) - x_i^*(t)) \\
&\quad \times \left(a_{ii}(t)(x_i(t) - x_i^*(t)) - \sum_{j\neq i} a_{ij}(t)(x_j(t) - x_j^*(t)) \right) dt \\
&= - \sum_{i=1}^n k_i a_{ii}(t) |x_i(t) - x_i^*(t)| dt + \sum_{i=1}^n \sum_{j\neq i} k_i a_{ij} |x_j(t) - x_j^*(t)| dt
\end{aligned}
$$

$$= -\sum_{i=1}^{n} k_i a_{ii}(t)|x_i(t) - x_i^*(t)|dt + \sum_{j=1}^{n}\sum_{i\neq j} k_j a_{ji}|x_i(t) - x_i^*(t)|dt$$

$$= -\sum_{i=1}^{n} k_i a_{ii}(t)|x_i(t) - x_i^*(t)|dt + \sum_{i=1}^{n}\sum_{j\neq i} k_j a_{ji}|x_i(t) - x_i^*(t)|dt$$

$$= -\sum_{i=1}^{n}\left(k_i a_{ii}(t) - \sum_{j\neq i} k_j a_{ji}(t)\right)|x_i(t) - x_i^*(t)|dt$$

$$\leqslant -\sum_{i=1}^{n}\left(k_i a_{ii}^l - \sum_{j\neq i} k_j a_{ji}^u\right)|x_i(t) - x_i^*(t)|dt.$$

由 (2.22) 有

$$d^+ V(t) \leqslant -\sum_{i=1}^{n}|x_i(t) - x_i^*(t)|dt. \tag{2.24}$$

将 (2.24) 两端同时积分有

$$V(t) \leqslant V(0) - \int_0^t \sum_{i=1}^{n}|x_i(s) - x_i^*(s)|ds,$$

上式等价于

$$V(t) + \int_0^t \sum_{i=1}^{n}|x_i(s) - x_i^*(s)|ds \leqslant V(0) < \infty.$$

则

$$|(x(t) - x^*(t))| \leqslant \sum_{i=1}^{n}|x_i(t) - x_i^*(t)| \in L^1[0, +\infty). \tag{2.25}$$

由 (2.25) 可直接得出

$$\liminf_{t\to\infty}|x(t) - x^*(t)| = 0.$$

由引理 2.1 可知, 系统 (2.3) 解的 p 阶矩是有界的, 利用与文献 [37] 中定理 6.2 相类似的方法则可完成余下的证明. 往证

$$\lim_{t\to\infty}|x(t) - x^*(t)| = 0. \tag{2.26}$$

若上式不成立, 则有

$$P\left(\limsup_{t\to\infty}|x(t) - x^*(t)| > 0\right) > 0.$$

因此存在 $\varepsilon > 0$, 使得

$$P(\Omega') > 0.$$

其中,

$$\Omega' = \left\{ \limsup_{t\to\infty} |x(t) - x^*(t)| \geqslant 2\varepsilon \right\}. \tag{2.27}$$

定义停时

$$\sigma_1 = \inf\{t \geqslant 0 : |x(t) - x^*(t)| \geqslant 2\varepsilon\},$$

$$\sigma_{2k} = \inf\{t \geqslant \sigma_{2k-1} : |x(t) - x^*(t)| \leqslant \varepsilon\},$$

$$\sigma_{2k+1} = \inf\{t \geqslant \sigma_{2k} : |x(t) - x^*(t)| \geqslant 2\varepsilon\}.$$

由 (2.27) 可知, 对任意的 $k \geqslant 1$, 若 $\omega \in \Omega'$, 则有

$$\sigma_k < \infty. \tag{2.28}$$

由 (2.25) 可得

$$\infty > E \int_0^\infty |x(s) - x^*(s)| ds$$

$$\geqslant \sum_{k=1}^n E\left[I_{\{\sigma_{2k-1}<\infty, \sigma_{2k}<\infty\}} \int_{\sigma_{2k-1}}^{\sigma_{2k}} |x(s) - x^*(s)| ds \right]$$

$$\geqslant \varepsilon \sum_{k=1}^n E[I_{\{\sigma_{2k-1}<\infty\}}(\sigma_{2k} - \sigma_{2k-1})]. \tag{2.29}$$

又系统 (2.3) 等价于下面系统

$$x_i(t) = x_i(0) + \int_0^t x_i(s)\left(r_i(s) - a_{ii}(s)x_i(s) + \sum_{j\neq i} a_{ij}(s)x_j(s) \right) ds$$

$$+ \int_0^t \sigma_i(s)x_i(s)dB_i(s).$$

令

$$h_i(s) = x_i(s)\left(r_i(s) - a_{ii}(s)x_i(s) + \sum_{j\neq i} a_{ij}(s)x_j(s) \right),$$

$$v_i(s) = \sigma_i(s)x_i(s).$$

则有

$$E|h_i(s)|^2 = E\left[|x_i(s)|^2 \left| r_i(s) - a_{ii}(s)x_i(s) + \sum_{j\neq i} a_{ij}(s)x_j(s) \right|^2 \right]$$

$$\leqslant \frac{1}{2}E[x_i^4(s)] + \frac{1}{2}E\left|r_i(s) - a_{ii}(s)x_i(s) + \sum_{j\neq i}a_{ij}(s)x_j(s)\right|^4$$

$$\leqslant \frac{1}{2}E[x_i^4(s)] + \frac{1}{2}(n+1)^3 E\left[r_i^4(s) + \sum_{j=1}^n a_{ij}^4(s)x_j^4(s)\right]$$

$$\leqslant \frac{1}{2}K_i(4) + \frac{1}{2}(n+1)^3\left[(r_i^u)^4 + \sum_{j=1}^n (a_{ij}^u)^4 K_j(4)\right]$$

$$=: H_i(2, x_i(0))$$

和

$$E|v_i(s)|^2 = E|\sigma_i(s)x_i(s)|^2 \leqslant (\sigma_i^u)^2 K_i(2) =: V_i(2, x_i(0)).$$

根据 Hölder 不等式及随机积分不等式 [61] 可得

$$E\left[I_{\{\sigma_{2k-1}<\infty\}} \sup_{0\leqslant t\leqslant T} |x(\sigma_{2k-1}+t) - x(\sigma_{2k-1})|^2\right]$$

$$\leqslant \sum_{i=1}^n E\left[I_{\{\sigma_{2k-1}<\infty\}} \sup_{0\leqslant t\leqslant T} |x_i(\sigma_{2k-1}+t) - x_i(\sigma_{2k-1})|^2\right]$$

$$\leqslant 2\sum_{i=1}^n E\left[I_{\{\sigma_{2k-1}<\infty\}} \sup_{0\leqslant t\leqslant T} \left|\int_{\sigma_{2k-1}}^{\sigma_{2k-1}+t} h_i(s)ds\right|^2\right]$$

$$+ 2\sum_{i=1}^n E\left[I_{\{\sigma_{2k-1}<\infty\}} \sup_{0\leqslant t\leqslant T} \left|\int_{\sigma_{2k-1}}^{\sigma_{2k-1}+t} v_i(s)dB_i(s)\right|^2\right]$$

$$\leqslant 2T\sum_{i=1}^n E\left[I_{\{\sigma_{2k-1}<\infty\}} \int_{\sigma_{2k-1}}^{\sigma_{2k-1}+T} |h_i(s)|^2 ds\right]$$

$$+ 8\sum_{i=1}^n E\left[I_{\{\sigma_{2k-1}<\infty\}} \int_{\sigma_{2k-1}}^{\sigma_{2k-1}+T} |v_i(s)|^2 d(s)\right]$$

$$\leqslant (2T+8)T\sum_{i=1}^n (H_i(2, x_i(0)) + V_i(2, x_i(0))).$$

类似地,

$$E\left[I_{\{\sigma_{2k-1}<\infty\}} \sup_{0\leqslant t\leqslant T} |x^*(\sigma_{2k-1}+t) - x^*(\sigma_{2k-1})|^2\right]$$

$$\leqslant (2T+8)T\sum_{i=1}^n (H_i(2, x_i^*(0)) + V_i(2, x_i^*(0))).$$

令

$$H_i(2) = \max\{H_i(2, x_i(0)), H_i(2, x_i^*(0))\}, \quad V_i(2) = \max\{V_i(2, x_i(0)), V_i(2, x_i^*(0))\}.$$

选择 T 充分小, 使得

$$(2T + 8)T \sum_{i=1}^n (H_i(2) + V_i(2)) \leqslant \frac{\varepsilon^3}{8},$$

则有

$$P(\{\sigma_{2k-1} < \infty\} \cap \Omega_k') \leqslant \frac{(2T + 8)T \sum_{i=1}^n (H_i(2) + V_i(2))}{\dfrac{\varepsilon^2}{4}} \leqslant \frac{\varepsilon}{2} \qquad (2.30)$$

和

$$P(\{\sigma_{2k-1} < \infty\} \cap \Omega_k'') \leqslant \frac{(2T + 8)T \sum_{i=1}^n (H_i(2) + V_i(2))}{\dfrac{\varepsilon^2}{4}} \leqslant \frac{\varepsilon}{2}, \qquad (2.31)$$

其中

$$\Omega_k' = \left\{ \sup_{0 \leqslant t \leqslant T} |x(\sigma_{2k-1} + t) - x(\sigma_{2k-1})| \geqslant \frac{\varepsilon}{2} \right\},$$

$$\Omega_k'' = \left\{ \sup_{0 \leqslant t \leqslant T} |x^*(\sigma_{2k-1} + t) - x^*(\sigma_{2k-1})| \geqslant \frac{\varepsilon}{2} \right\}.$$

由 (2.30), (2.31) 可得

$$P(\{\sigma_{2k-1} < \infty\} \cap (\Omega_k'^C \cap \Omega_k''^C)) \geqslant 2\varepsilon - \varepsilon = \varepsilon,$$

其中 $\Omega_k'^C$ 为 Ω_k' 的补集. 令

$$\Omega_k''' = \left\{ \sup_{0 \leqslant t \leqslant T} |x'(\sigma_{2k-1} + t) - x'(\sigma_{2k-1})| < \varepsilon \right\},$$

其中 $x'(s) = x(s) - x^*(s)$. 则有

$$P(\{\sigma_{2k-1} < \infty\} \cap \Omega_k''') \geqslant P(\{\sigma_{2k-1} < \infty\} \cap \{\Omega_k'^C \cap \Omega_k''^C\}) \geqslant \varepsilon. \qquad (2.32)$$

如果 $\omega \in \{\sigma_{2k-1} < \infty\} \cap \Omega_k'''$, 可得

$$\sigma_{2k}(\omega) - \sigma_{2k-1}(\omega) \geqslant T.$$

上式联合 (2.29) 及 (2.32), 得到如下矛盾

$$\infty > \varepsilon \sum_{k=1}^{\infty} E[I_{\{\sigma_{2k-1} < \infty\}}(\sigma_{2k} - \sigma_{2k-1})] \geqslant T\varepsilon \sum_{k=1}^{\infty} P(\{\sigma_{2k-1} < \infty\} \cap \Omega_k''') \geqslant \infty.$$

因此

$$\lim_{t \to \infty} |x(t) - x^*(t)| = 0.$$

定理证毕.

2.1.5 数值模拟

考虑二维随机扰动的互惠系统, 该系统由下列方程表示:

$$\begin{cases} dx_1(t) = x_1(t)[(r_1(t) - a_{11}(t)x_1(t) + a_{12}(t)x_2(t))dt + \sigma_1(t)dB_1(t)], \\ dx_2(t) = x_2(t)[(r_2(t) + a_{21}(t)x_1(t) - a_{22}(t)x_2(t))dt + \sigma_2(t)dB_2(t)]. \end{cases} \quad (2.33)$$

根据 Higham[77] 给出的方法, 可得如下离散化方程:

$$\begin{cases} x_{1,k+1} = x_{1,k} + x_{1,k}\Big[(r_1(k\Delta t) - a_{11}(k\Delta t)x_{1,k} + a_{12}(k\Delta t)x_{2,k})\Delta t \\ \qquad\qquad + \sigma_1(k\Delta t)\varepsilon_{1,k}\sqrt{\Delta t} + \frac{\sigma_1^2(k\Delta t)}{2}(\varepsilon_{1,k}^2\Delta t - \Delta t)\Big], \\ x_{2,k+1} = x_{2,k} + x_{2,k}\Big[(r_2(k\Delta t) + a_{21}(k\Delta t)x_{1,k} - a_{22}(k\Delta t)x_{2,k})\Delta t \\ \qquad\qquad + \sigma_2(k\Delta t)\varepsilon_{2,k}\sqrt{\Delta t} + \frac{\sigma_2^2(k\Delta t)}{2}(\varepsilon_{2,k}^2\Delta t - \Delta t)\Big]. \end{cases}$$

选择参数 $r_1(t) = 0.6 + 0.1\sin t, r_2(t) = 0.4 + 0.1\sin t, a_{11}(t) = 0.6 + 0.2\sin t,$ $a_{12}(t) = 0.2 + 0.1\sin t, a_{21}(t) = 0.2 + 0.1\sin t, a_{22}(t) = 0.8 + 0.2\sin t, x_1(0) = 0.9,$ $x_2(0) = 0.9.$ 可以看出 $\widetilde{A}$ 为非奇异的 M-矩阵, 其中 $\widetilde{A} = \begin{pmatrix} 0.4 & -0.3 \\ -0.3 & 0.6 \end{pmatrix}.$

图 2.1 和图 2.2 中, 选择 $\sigma_1(t) = 0.2 + 0.1\sin t, \sigma_2(t) = 0.1 + 0.1\sin t,$ 则条件 $\int_0^{2\pi} \left(r_1(s) - \frac{\sigma_1^2(s)}{2}\right) ds > 0, \int_0^{2\pi} \left(r_2(s) - \frac{\sigma_2^2(s)}{2}\right) ds > 0$ 满足. 从图上可以看出, 经过一段时间后, 确定系统的解会进入周期轨道, 当噪声强度较小时, 随机系统的解会在周期轨道的小邻域内振动.

图 2.3 中, 增大噪声的强度 $(\sigma_1(t) = 1.3 + 0.1\sin t, \sigma_2(t) = 1.3 + 0.2\sin t)$, 选择参数使得定理 2.3 的条件成立, 即 $r_1^u < \frac{\sigma_1^{2l}}{2}, r_2^u < \frac{\sigma_2^{2l}}{2}$. 在这种情况下, 两个种群在经过大幅度的波动后, 最终都灭绝了, 而相应的确定系统却进入周期轨道. 这说明大强度的噪声会导致种群灭绝.

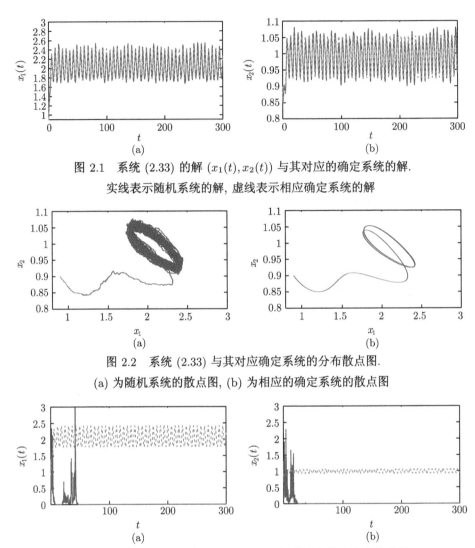

图 2.1　系统 (2.33) 的解 $(x_1(t), x_2(t))$ 与其对应的确定系统的解.
实线表示随机系统的解, 虚线表示相应确定系统的解

图 2.2　系统 (2.33) 与其对应确定系统的分布散点图.
(a) 为随机系统的散点图, (b) 为相应的确定系统的散点图

图 2.3　系统 (2.33) 的解 $(x_1(t), x_2(t))$ 与其对应的确定系统的解.
实线表示随机系统的解, 虚线表示相应确定性系统的解

2.2　随机常系数多种群互惠型生态系统

2.2.1　系统 (2.4) 全局正解的存在唯一性

对于任意给定的初始值, 如果方程 (2.4) 的系数满足线性增长条件及局部
Lipschitz 条件 [61, 62], 则其存在唯一的全局解. 然而, 方程 (2.4) 的系数虽满足局
部 Lipschitz 条件但不满足线性增长条件, 因此 (2.4) 的解可能在有限时刻爆破. 若

$\sigma_i > 0$, 毛学荣等 [78] 证明了方程 (2.4) 存在唯一全局正解.

定理 2.5 [78] 若 $\sigma_i > 0, i = 1, 2, \cdots, n$, 则对任意给定的初值 $x(0) = x_0 \in R_+^n$, 方程 (2.4) 存在唯一解 $x(t) = (x_1(t), x_2(t), \cdots, x_n(t)) \in R_+^n$, 并且解以概率 1 存在于 R_+^n 中.

2.2.2 系统 (2.4) 解的渐近性质

定理 2.6 对任意给定的初始值 $x_0 \in R_+^n$, 系统 (2.4) 的解有如下性质:

$$\limsup_{t \to \infty} \frac{\log |x(t)|}{\log t} \leqslant 1 \quad \text{a.s.}$$

证明 对任意的 $p \in (0,1)$, 定义函数 V 如下:

$$V(x) = \sum_{i=1}^{n} x_i{}^p.$$

则

$$dV(x) = p \sum_{i=1}^{n} x_i{}^p \left(r_i - a_{ii} x_i + \sum_{j \neq i} a_{ij} x_j - \frac{1-p}{2} \sigma_i{}^2 x_i{}^2 \right) dt + p \sum_{i=1}^{n} \sigma_i x_i{}^{p+1} dB_i(t).$$

令

$$z(x) = \frac{p \sum_{i=1}^{n} \sigma_i x_i{}^{p+1}}{V(x)}, \quad K(x) = p \sum_{i=1}^{n} x_i{}^p \left(r_i - a_{ii} x_i + \sum_{j \neq i} a_{ij} x_j - \frac{1-p}{2} \sigma_i{}^2 x_i{}^2 \right).$$

由伊藤公式可得

$$d \log V(x) = \left(\frac{K(x)}{V(x)} - \frac{z^2(x)}{2} \right) dt + z(x) dB(t),$$

$$de^t \log V(x) = \left(\log V(x) + \frac{K(x)}{V(x)} - \frac{z^2(x)}{2} \right) dt + z(x) dB(t).$$

将上式从 0 到 t 积分有

$$e^t \log V(x(t)) = \log V(x(0)) + \int_0^t e^s \left(\log V(x(s)) + \frac{K(x(s))}{V(x(s))} - \frac{z^2(x(s))}{2} \right) ds$$

$$+ \int_0^t e^s z(x(s)) dB(s).$$

根据指数鞅不等式, 对任意的 $\alpha, \beta, T > 0$, 有

$$P\left\{\omega: \sup_{0 \leqslant t \leqslant T}\left[\int_0^t \mathrm{e}^s z(x(s)) dB(s) - \frac{\alpha}{2}\int_0^t \mathrm{e}^{2s} z^2(x(s)) ds\right] \geqslant \beta\right\} \leqslant \mathrm{e}^{-\alpha\beta}.$$

选择

$$T = K\delta, \quad \alpha = \varepsilon \mathrm{e}^{-K\delta}, \quad \beta = \frac{(1+\delta)\mathrm{e}^{K\delta}\log(K\delta)}{\varepsilon},$$

其中 $0 < \delta < 1, 0 < \varepsilon < 1$. 注意到

$$\sum_{K=1}^\infty \frac{1}{K^{1+\delta}} < \infty,$$

应用 Borel-Cantelli 引理有: 对几乎所有的 $\omega \in \Omega$, 存在一个随机的整数 $n_0 = n_0(\omega) > 0$, 使得

$$\begin{aligned}
\int_0^t \mathrm{e}^s z(x(s)) dB(s) &\leqslant \frac{(1+\delta)\mathrm{e}^{K\delta}\log(K\delta)}{\varepsilon} + \frac{\varepsilon \mathrm{e}^{-K\delta}}{2}\int_0^t \mathrm{e}^{2s} z^2(x(s)) ds \\
&\leqslant \frac{(1+\delta)\mathrm{e}^{K\delta}\log(K\delta)}{\varepsilon} + \frac{\varepsilon}{2}\int_0^t \mathrm{e}^s z^2(x(s)) ds, \quad (2.34)
\end{aligned}$$

其中 $0 \leqslant t \leqslant K\delta$, $n \geqslant n_0$. 因此

$$\begin{aligned}
\log V(x(t)) \leqslant{}& \mathrm{e}^{-t}\log V(x(0)) + \frac{(1+\delta)\mathrm{e}^{K\delta-t}\log(K\delta)}{\varepsilon} \\
&+ \int_0^t \mathrm{e}^{s-t}\left(\log V(x(s)) + \frac{K(x(s))}{V(x(s))} - \frac{(1-\varepsilon)z^2(x(s))}{2}\right) ds.
\end{aligned}$$

应用不等式 $\log x \leqslant x - 1$ 及 $n^{(1-\frac{p}{2})\wedge 0}|x|^p \leqslant \sum_{i=1}^n x_i^p \leqslant n^{(1-\frac{p}{2})\vee 0}|x|^p$, 可得

$$\begin{aligned}
& \log V(x(t)) + \frac{K(x(t))}{V(x(t))} - \frac{(1-\varepsilon)z^2(x(t))}{2} \\
&\leqslant V(x(t)) - 1 + \frac{K(x(t))}{V(x(t))} \\
&\leqslant \sum_{i=1}^n x_i^p - 1 + p\check{r} + p\check{a}_{ij}\sum_{i=1}^n x_i - \frac{p(1-p)}{2n}|x|^2 \\
&\leqslant C,
\end{aligned}$$

其中 C 为常数, $\check{r} = \max\{r_1, r_2, \cdots, r_n\}$, $\check{a}_{ij} = \max\{a_{ij}\}, i, j = 1, 2, \cdots, n$, $\hat{\sigma}^2 = \min\{\sigma_1^2, \sigma_2^2, \cdots, \sigma_n^2\}$. 则

$$\log V(x(t)) \leqslant \mathrm{e}^{-t}\log V(x(0)) + \frac{(1+\delta)\mathrm{e}^{K\delta-t}\log(K\delta)}{\varepsilon} + C(1-\mathrm{e}^{-t}).$$

由上式可得, 对几乎所有的 $\omega \in \Omega$, 若 $n \geqslant n_0$, $(K-1)\delta \leqslant t \leqslant K\delta$, 则有

$$\frac{\log |x(t)|^p}{\log t} \leqslant \frac{\log V(x(t))}{\log t} \leqslant \frac{1}{\log(K-1)\delta}[\mathrm{e}^{-t}\log V(x(0)) + C] + \frac{(1+\delta)\mathrm{e}^{\delta}\log(K\delta)}{\varepsilon \log(K-1)\delta}.$$

因此

$$\limsup_{t \to \infty} \frac{\log |x(t)|^p}{\log t} \leqslant \frac{(1+\delta)\mathrm{e}^{\delta}}{\varepsilon}.$$

令 $\delta \to 1, \varepsilon \to 1$ 有

$$\limsup_{t \to \infty} \frac{\log |x(t)|}{\log t} \leqslant \frac{1}{p}.$$

令 $p \to 1$, 则有

$$\limsup_{t \to \infty} \frac{\log |x(t)|}{\log t} \leqslant 1.$$

2.2.3 系统 (2.4) 平稳分布的存在性

定理 2.7 若 $\sigma_i > 0, r_i > 0, i = 1, 2, \cdots, n$, 则系统 (2.4) 存在不变分布 $\mu(\cdot)$, 且是遍历的.

证明 对任意的 $p \in (0, 1)$, $\theta \in (0, 1)$, 定义非负的 C^2-函数 V 如下:

$$V(x_1, x_2, \cdots, x_n) = \sum_{i=1}^{n}\left(x_i^p + \frac{1}{x_i^{\theta}}\right).$$

记

$$V_1 = \sum_{i=1}^{n} x_i^p, \quad V_2 = \sum_{i=1}^{n} \frac{1}{x_i^{\theta}}.$$

由伊藤公式可得

$$\begin{aligned}
LV_1 &= p\sum_{i=1}^{n} x_i^p\left(r_i + \sum_{j=1}^{n} a_{ij}x_j - \frac{1-p}{2}(\sigma_i x_i)^2\right) \\
&\leqslant p\sum_{i=1}^{n}\left(r_i x_i^p + \sum_{j=1}^{n}\frac{a_{ij}}{2}(x_i^{2p} + x_j^2)\right) - \frac{p(1-p)}{2}\sum_{i=1}^{n}\sigma_i^2 x_i^{2+p} \\
&= p\sum_{i=1}^{n}\left(r_i x_i^p + \sum_{j=1}^{n}\frac{a_{ij}}{2}x_i^{2p} + \sum_{j=1}^{n}\frac{a_{ji}}{2}x_i^2\right) - \frac{p(1-p)}{2}\sum_{i=1}^{n}\sigma_i^2 x_i^{2+p} \\
&\leqslant M - \frac{p(1-p)}{4}\sum_{i=1}^{n}\sigma_i^2 x_i^{2+p}, \quad\quad\quad (2.35)
\end{aligned}$$

其中

$$M = \sup_{x \in R_+^n}\left\{p\sum_{i=1}^{n}\left(r_i x_i^p + \sum_{j=1}^{n}\frac{a_{ij}}{2}x_i^{2p} + \sum_{j=1}^{n}\frac{a_{ji}}{2}x_i^2\right) - \frac{p(1-p)}{4}\sum_{i-1}^{n}\sigma_i^2 x_i^{2+p}\right\} < \infty.$$

$$LV_2 = -\theta \sum_{i=1}^{n} x_i^{-\theta} \left(r_i + \sum_{j=1}^{n} a_{ij}x_j - \frac{\theta+1}{2}\sigma_i^2 x_i^2 \right)$$

$$\leqslant -\theta \sum_{i=1}^{n} x_i^{-\theta} \left(r_i + a_{ii}x_i - \frac{\theta+1}{2}\sigma_i^2 x_i^2 \right), \quad (2.36)$$

因此

$$LV = LV_1 + LV_2$$

$$\leqslant M - \frac{p(1-p)}{4}\sum_{i=1}^{n}\sigma_i^2 x_i^{2+p} - \theta\sum_{i=1}^{n}x_i^{-\theta}\left(r_i + a_{ii}x_i - \frac{\theta+1}{2}\sigma_i^2 x_i^2\right). \quad (2.37)$$

令

$$U = \left\{ (x_1, x_2,, \cdots, x_n) \in R_+^n, \varepsilon \leqslant x_i \leqslant \frac{1}{\varepsilon} \right\},$$

其中 ε 是充分小的正数. 下面分两种情况进行讨论:

(1) 对任意固定的 $m(1 \leqslant m \leqslant n)$, 若 $0 < x_m < \varepsilon$, 则有

$$LV \leqslant M - \frac{p(1-p)}{4}\sum_{i=1}^{n}\sigma_i^2 x_i^{2+p} - \theta r_m x_m^{-\theta} - \theta\sum_{i=1}^{n}x_i^{-\theta}\left(a_{ii}x_i - \frac{\theta+1}{2}\sigma_i^2 x_i^2\right).$$

因为

$$M - \frac{p(1-p)}{4}\sum_{i=1}^{n}\sigma_i^2 x_i^{2+p} - \theta\sum_{i=1}^{n}x_i^{-\theta}\left(a_{ii}x_i - \frac{\theta+1}{2}\sigma_i^2 x_i^2\right)$$

是有界的, 因此

$$LV \leqslant M_1 - \theta r_m \varepsilon^{-\theta}. \quad (2.38)$$

(2) 对任意固定的 $m(1 \leqslant m \leqslant n)$, 若 $x_m > \frac{1}{\varepsilon}$, 则有

$$LV \leqslant M - \frac{p(1-p)}{8}\sum_{i=1}^{n}\sigma_i^2 x_i^{2+p} - \theta\sum_{i=1}^{n}x_i^{-\theta}\left(r_i + a_{ii}x_i - \frac{\theta+1}{2}\sigma_i^2 x_i^2\right)$$

$$- \frac{p(1-p)}{8}\sigma_m^2 x_m^{2+p}$$

$$\leqslant M_2 - \frac{p(1-p)}{8}\sigma_m^2 \frac{1}{\varepsilon^{2+p}}, \quad (2.39)$$

其中

$$M_2 = \sup_{x \in R_+^n}\left\{ M - \frac{p(1-p)}{8}\sum_{i=1}^{n}\sigma_i^2 x_i^{2+p} - \theta\sum_{i=1}^{n}x_i^{-\theta}\left(r_i + a_{ii}x_i - \frac{\theta+1}{2}\sigma_i^2 x_i^2\right)\right\} < \infty.$$

选择 ε 充分小, 使得

$$M_1 - \theta r_m \varepsilon^{-\theta} < -1$$

与

$$M_2 - \frac{p(1-p)}{8} \sigma_m^2 \frac{1}{\varepsilon^{2+p}} < -1$$

同时成立. 上面二式结合 (2.38) 和 (2.39), 对任意的 $x \in R_+^n \setminus U$, 有

$$LV < -1.$$

因此引理 1.6 中的条件 (A2) 满足. 此外, 方程 (2.4) 的扩散矩阵为

$$\Lambda = \text{diag}\{\sigma_1^2 x_1^4, \sigma_2^2 x_2^4, \cdots, \sigma_n^2 x_n^4\}.$$

设 $\hat{M} = \min\{\sigma_1^2 x_1^4, \sigma_2^2 x_2^4, \cdots, \sigma_n^2 x_n^4, (x_1, x_2, \cdots, x_n) \in \overline{U}\}$, 则

$$\sum_{i,j=1}^{n} \lambda_{ij}(x) \xi_i \xi_j = \sum_{i=1}^{n} \sigma_i^2 x_i^4 \xi_i^2 \geqslant \hat{M} |\xi|^2.$$

因此引理 1.6 中的条件 (A1) 也满足. 所以结论得证.

2.2.4 一维情况举例

考虑系统 (2.4) 当 $n = 1$ 时的情况, 即一维随机系统

$$dX(t) = X(t)(a - bX(t))dt + \sigma X^2(t)dB(t). \tag{2.40}$$

通过随机计算容易验证 (2.40) 存在平稳分布, 且不变密度为

$$f(x) = \frac{C}{x^4} \exp\left(\frac{2}{\sigma^2}\left(\frac{b}{x} - \frac{a}{2x^2}\right)\right), \quad x \in (0, \infty),$$

其中 $C = \left[\int_0^\infty y^2 e^{\frac{2}{\sigma^2}(by - \frac{a}{2}y^2)} dy\right]^{-1}$ 是一个常数. 显然,

$$\int_0^\infty x^p f(x) dx = C \int_0^\infty x^{p-4} \exp\left(\frac{2}{\sigma^2}\left(\frac{b}{x} - \frac{a}{2x^2}\right)\right) dx$$

$$= C \int_0^\infty y^{2-p} \exp\left(\frac{2}{\sigma^2}\left(by - \frac{a}{2}y^2\right)\right) dy$$

$$< \infty, \quad p = 1, 2. \tag{2.41}$$

由遍历性定理可知

$$\lim_{t \to \infty} \frac{1}{t} \int_0^t X(s) ds = \int_0^\infty x f(x) dx := I_1, \quad \text{a.s.} \tag{2.42}$$

$$\lim_{t \to \infty} \frac{1}{t} \int_0^t X^2(s) ds = \int_0^\infty x^2 f(x) dx := I_2, \quad \text{a.s.} \tag{2.43}$$

下面计算 I_1, I_2 的值. 由伊藤公式有

$$d \log X(t) = \left(a - bX(t) - \frac{\sigma^2 X^2(t)}{2} \right) dt + \sigma X(t) dB(t).$$

则

$$\frac{\log X(t)}{t} - \frac{\log X(0)}{t} = a - \frac{b}{t} \int_0^t X(s) ds - \frac{\sigma^2}{2t} \int_0^t X^2(s) ds + \frac{\sigma \int_0^t X(s) dB(s)}{t}.$$
$$\tag{2.44}$$

令 $M(t) = \int_0^t X(s) dB(s)$, 则 $M(t)$ 为一个连续的鞅, 满足 $M(0) = 0$, 且

$$\limsup_{t \to \infty} \frac{\langle M, M \rangle_t}{t} = \limsup_{t \to \infty} \frac{\int_0^t X^2(s) ds}{t} < \infty.$$

由强大数定律可得

$$\lim_{t \to \infty} \frac{M(t)}{t} = 0, \quad \text{a.s.} \tag{2.45}$$

(2.44) 两端同时取极限并结合 (2.45), 有

$$\lim_{t \to \infty} \frac{\log X(t)}{t} = a - bI_1 - \frac{\sigma^2}{2} I_2 = 0. \tag{2.46}$$

由 (2.41) 可知

$$I_2 = \int_0^\infty x^2 f(x) dx = C \int_0^\infty e^{\frac{2}{\sigma^2}\left(by - \frac{a}{2}y^2\right)} dy = C e^{\frac{b^2}{a\sigma^2}} \int_0^\infty e^{-\frac{a}{\sigma^2}\left(y - \frac{b}{a}\right)^2} dy.$$

令 $t = \frac{\sqrt{2a}}{\sigma}\left(y - \frac{b}{a}\right)$, 则

$$I_2 = \frac{C\sigma}{\sqrt{2a}} e^{\frac{b^2}{a\sigma^2}} \int_{-\frac{\sqrt{2}b}{\sqrt{a}\sigma}}^\infty e^{-\frac{t^2}{2}} dt = \frac{C\sigma}{\sqrt{2a}} e^{\frac{b^2}{a\sigma^2}} \int_{-\infty}^{\frac{\sqrt{2}b}{\sqrt{a}\sigma}} e^{-\frac{t^2}{2}} dt = \frac{C\sigma}{\sqrt{2a}} e^{\frac{b^2}{a\sigma^2}} \Phi\left(\frac{\sqrt{2}b}{\sqrt{a}\sigma}\right),$$
$$\tag{2.47}$$

其中 $\Phi(x)$ 为标准正态分布的分布函数. 将 (2.47) 代入 (2.46) 得

$$I_1 = \frac{a}{b} - \frac{C\sigma^3}{2\sqrt{2ab}} e^{\frac{b^2}{a\sigma^2}} N\left(\frac{\sqrt{2}b}{\sqrt{a}\sigma}\right). \tag{2.48}$$

2.2.5 数值模拟

考虑系统 (2.4) 当 $n = 2$ 时的情形, 可由下列方程表示:

$$\begin{cases} dx_1(t) = x_1(t)[(r_1 - a_{11}x_1(t) + a_{12}x_2(t))dt + \sigma_1 x_1(t)dB_1(t)], \\ dx_2(t) = x_2(t)[(r_2 + a_{21}x_1(t) - a_{22}x_2(t))dt + \sigma_2 x_2(t)dB_2(t)]. \end{cases} \tag{2.49}$$

由 Higham[77] 给出的高阶离散化方法, 可得下面的离散化方程:

$$\begin{cases} x_{1,k+1} = x_{1,k} + x_{1,k}[(r_1 - a_{11}x_{1,k} + a_{12}x_{2,k})\Delta t + \sigma_1 x_{1,k}\varepsilon_{1,k}\sqrt{\Delta t} \\ \qquad\qquad + \sigma_1^2 x_{1,k}^2(\varepsilon_{1,k}^2 \Delta t - \Delta t)], \\ x_{2,k+1} = x_{2,k} + x_{2,k}[(r_2 + a_{21}x_{1,k} - a_{22}x_{2,k})\Delta t + \sigma_2 x_{2,k}\varepsilon_{2,k}\sqrt{\Delta t} \\ \qquad\qquad + \sigma_2^2 x_{2,k}^2(\varepsilon_{2,k}^2 \Delta t - \Delta t)]. \end{cases}$$

选择参数 $r_1 = 0.7, r_2 = 0.7, a_{11} = 0.6, a_{12} = 0.2, a_{21}(t) = 0.3, a_{22}(t) = 0.8,$ $x_1(0) = 1.0, x_2(0) = 1.5.$

图 2.4 中, 选择 $\sigma_1 = 0.1, \sigma_2 = 0.1.$ 从图 2.4 上可以看出, 系统 (2.49) 的解围绕其确定性方程的解在小邻域内波动. 根据图 (b) 和 (d) 密度函数图, 可看出系统存在不变分布.

图 2.5 中, 我们增大噪声的强度, 选择 $\sigma_1 = 0.85, \sigma_2 = 0.9.$ 可以看出, 系统 (2.49) 的解波动区域变大, 从图 (b) 与 (d) 的密度函数图中可看出系统仍然存在不变分布. 数值模拟与定理 2.7 的结论是一致的.

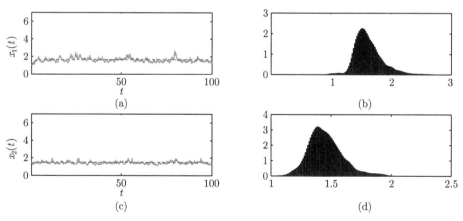

图 2.4 (a) 与 (c) 中, 实线表示系统 (2.49) 的解, 虚线表示相应确定系统的解.
(b) 与 (d) 为系统 (2.49) 密度函数图

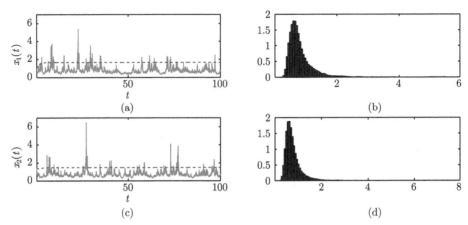

图 2.5   (a) 与 (c) 中, 实线表示系统 (2.49) 的解, 虚线表示相应确定系统的解.
(b) 与 (d) 为系统 (2.49) 密度函数图

第3章 随机捕食–食饵种群系统

捕食–食饵系统在种群生态系统中广泛存在, 并且在种群动力学的研究中也发挥着非常重要的作用. 很多学者研究了确定性捕食–食饵模型的局部或全局的动力学行为 [79–86]. Hsu 等 [79] 研究了如下捕食–食饵模型:

$$
\begin{cases}
\dot{x}(t) = ax(t)\left(1 - \dfrac{x(t)}{K}\right) - yp(x(t)), \\
\dot{y}(t) = ry(t)\left(1 - \dfrac{fy(t)}{x(t)}\right),
\end{cases}
\tag{3.1}
$$

其中 $x(t)$ 和 $y(t)$ 分别代表 t 时刻食饵与捕食者的种群密度, a, r, K, f 都为正数. 当缺失捕食种群时, 食饵种群会按 Logistic 增长, 其中 K 为环境容纳量, a 为食饵种群的内禀增长率; 捕食者种群按 Logistic 增长, r 为其内禀增长率, 环境容纳量与食饵的密度成比例. 捕食者种群对食饵的捕食由功能反应函数项 $p(x)$ 控制. f 为在平衡条件时一个捕食者所需要吃掉的食饵数量 [87, 88]. $\dfrac{fy}{x}$ 项为著名的 Leslie-Gower 项.

当 $p(x) = \dfrac{cx}{d_1 + x}$ 时, 则为经典的 Holling-Tanner 型捕食–食饵模型, 可用如下的方程表示:

$$
\begin{cases}
\dot{x}(t) = ax(t)\left(1 - \dfrac{x(t)}{K}\right) - \dfrac{cxy}{d_1 + x}, \\
\dot{y}(t) = ry(t)\left(1 - \dfrac{fy(t)}{x(t)}\right),
\end{cases}
\tag{3.2}
$$

其中的函数反应项为 Holling II 型, c, d_1 都为正数, c 为捕获率, d_1 为半饱和常数. 对于模型 (3.2), 很多学者对其进行了研究, 得到了平衡点的局部及全局稳定性的条件、周期解的存在性及稳定性条件等 [89–92].

文献 [80, 93] 对 Leslie-Gower 项 $\dfrac{fy}{x}$ 进行了修正, 修正后的 Leslie-Gower 项为 $\dfrac{fy}{x + k_1}$, 其中 $\dfrac{k_1}{f}$ 表示当食饵严重缺乏时捕食者的环境容纳量. 当食饵缺乏时, 这种修正能够避免种群的灭绝. 实际上, 这种修正也是合理的, 因为当食饵缺少时, 捕食者会寻找其他的食物资源. 结合 Holling II 型函数反应项, Aziz-Alaoui, Upadhyay

等 [94-96] 研究了如下的修正系统:

$$\begin{cases} \dot{x}(t) = x(t)\left(a - bx(t) - \dfrac{cy(t)}{d_1 + x(t)}\right), \\ \dot{y}(t) = y(t)\left(r - \dfrac{fy(t)}{k_1 + x(t)}\right). \end{cases} \tag{3.3}$$

假设模型中的参数 $a, b, c, r, f, d_1,\ k_1$ 都取正值. 其中 a 为食饵种群的增长率, $b = \dfrac{a}{K}$ 为食饵内部竞争系数, c 表示由于捕食者种群对食饵种群的捕食产生的最大单位减少率, d_1 和 k_1 描述环境对食饵种群和捕食者种群提供的保护程度, r 表示捕食者种群的增长率, f 与 c 有类似的意义.

Aziz-Alaoui 等 [96] 指出:

(1) 当 $\dfrac{rk_1}{f} < \dfrac{ad_1}{c}$ 时, 系统 (3.3) 具有唯一的内部平衡点 $E^* = (x^*, y^*)$.

(2) 若下面条件满足, 则内部平衡点 $E^* = (x^*, y^*)$ 是全局渐近稳定的:

$$L_1 < \frac{ad_1}{2c}, \quad d_1 < 2k_1, \quad 4(a + bd_1) < c,$$

其中 $L_1 = \dfrac{1}{4fb}[af(a+4) + (r+1)^2(a+bk_1)]$. 关于模型 (3.3) 更多的结论可见参考文献 [95, 96].

此外, 结合 B-D 型函数反应项 [97, 98], Mandal 和 Banerjee[47] 等提出了如下的捕食–食饵模型:

$$\begin{cases} \dot{x}(s) = x(s)\left(a_1 - b_1 x(s) - \dfrac{m_1 y(s)}{\alpha_1 x(s) + \beta_1 y(s) + \gamma_1}\right), \\ \dot{y}(s) = y(s)\left(a_2 - \dfrac{m_2 y(s)}{k_1 + x(s)}\right), \end{cases} \tag{3.4}$$

模型中参数 $a_1, a_2,\ b_1, m_1, m_2, \alpha_1, \beta_1, \gamma_1, k_1$ 都是正的. a_1 是食饵种群的增长率, b_1 是食饵种群的内部竞争系数, m_1 表示由于捕食者种群对食饵种群产生的最大单位减少率, γ_1 和 k_1 刻画环境对食饵种群和捕食者种群提供的保护程度, m_2 与 m_1 有类似的意义. 通过适当的变量替换, 模型 (3.4) 与下面模型是等价的 [47]:

$$\begin{cases} \dot{x}(t) = x(t)\left(1 - x(t) - \dfrac{ay(t)}{\alpha x(t) + \beta y(t) + \gamma}\right), \\ \dot{y}(t) = by(t)\left(1 - \dfrac{y(t)}{k + x(t)}\right), \end{cases} \tag{3.5}$$

其中 $a = \dfrac{a_2 m_1}{a_1 m_2}$, $b = \dfrac{a_2}{a_1}$, $\alpha = \alpha_1$, $\beta = \dfrac{\beta_1 a_2}{m_2}$, $\gamma = \gamma_1 \dfrac{b_1}{a_1}$, $k = k_1 \dfrac{b_1}{a_1}$.

Mandal 等指出, 系统 (3.5) 具有三个边界平衡点: $E_0 = (0,0)$, $E_1 = (0,k)$, $E_2 = (1,0)$. 当 $k(a - \beta) < \gamma$ 时, 系统 (3.5) 存在唯一的内部平衡点 $E_* = (x^*, y^*)$, 其中

$$y^* = x^* + k,$$

x^* 是下面二次方程的正根:

$$(\alpha + \beta)\xi^2 + (\beta k + \gamma + a - \alpha - \beta)\xi + (ak - \beta k - \gamma) = 0.$$

如果下列条件满足, 则平衡点 E_* 是局部稳定的:

$$k(a - \beta) < \gamma, \quad \alpha\beta + a(\gamma - \alpha) > 0, \quad \beta(\alpha + \gamma) - a\alpha > 0.$$

考虑环境白噪声对种群模型的影响. 设模型 (3.3) 中参数 a 和 r 受环境白噪声的扰动, 即

$$a \to a + \alpha\dot{B}_1(t),$$

$$r \to r + \beta\dot{B}_2(t),$$

则得到如下的随机模型:

$$\begin{cases} dx(t) = x(t)\left(a - bx(t) - \dfrac{cy(t)}{m_1 + x(t)}\right)dt + \alpha x(t)dB_1(t), \\ dy(t) = y(t)\left(r - \dfrac{fy(t)}{m_2 + x(t)}\right)dt + \beta y(t)dB_2(t), \end{cases} \tag{3.6}$$

其中 $B_1(t)$ 和 $B_2(t)$ 是独立的一维布朗运动, α^2, β^2 是白噪声的强度 ($\alpha^2 > 0$, $\beta^2 > 0$).

考虑到环境可能受到一些周期因素的影响, 当模型 (3.6) 中的系数都是周期函数时, 则得到如下非自治的系统:

$$\begin{cases} dx(t) = x(t)\left(a(t) - b(t)x(t) - \dfrac{c(t)y(t)}{m_1(t) + x(t)}\right)dt + \alpha(t)x(t)dB_1(t), \\ dy(t) = y(t)\left(r(t) - \dfrac{f(t)y(t)}{m_2(t) + x(t)}\right)dt + \beta(t)y(t)dB_2(t), \end{cases} \tag{3.7}$$

其中 $\alpha^2(t), \beta^2(t)$ 表示 t 时刻的噪声强度.

另一方面, 当模型 (3.4) 中食饵种群增长率 (无量纲) 及捕食者的增长率受到扰动时, 可得如下随机模型:

$$\begin{cases} \dot{x}(t) = x(t)\left(1 - x(t) - \dfrac{ay(t)}{\alpha x(t) + \beta y(t) + \gamma}\right) + \sigma_1 x(t)dB_1(t), \\ \dot{y}(t) = by(t)\left(1 - \dfrac{y(t)}{k + x(t)}\right) + \sigma_2 y(t)dB_2(t), \end{cases} \tag{3.8}$$

其中 $B_1(t)$ 和 $B_2(t)$ 是独立的一维布朗运动, σ_1^2, σ_2^2 是白噪声的强度 ($\sigma_1^2 > 0$, $\sigma_2^2 > 0$).

3.1   随机修正的 Leslie-Gower 及 Holling II 型捕食–食饵模型

3.1.1   系统 (3.6) 正解的存在唯一性

为了使模型有意义, 需要证明系统 (3.6) 的解是非负的且是全局的. 然而, 系统 (3.6) 不满足随机微分方程解的存在唯一性定理 [65]. 利用 Lyapunov 分析的方法 [99], 可证明系统 (3.6) 存在唯一的全局正解.

定理 3.1   对于任意给定的初始值 $(x_0, y_0) \in R_+^2$, 系统 (3.6) 存在唯一的解 $(x(t), y(t))$, 并且解以概率 1 位于 R_+^2 内.

证明   首先考虑如下方程

$$
\begin{cases}
du(t) = \left[a - \dfrac{\alpha^2}{2} - be^{u(t)} - \dfrac{ce^{v(t)}}{d_1 + e^{u(t)}}\right]dt + \alpha dB_1(t), \\
dv(t) = \left[r - \dfrac{\beta^2}{2} - \dfrac{fe^{v(t)}}{k_1 + e^{u(t)}}\right]dt + \beta dB_2(t).
\end{cases}
\tag{3.9}
$$

对任意给定的初始值 $u(0) = \log x_0, v(0) = \log y_0$, 系统 (3.9) 存在唯一的局部解 $(u(t), v(t))$, $t \in [0, \tau_e)$, 其中 τ_e 是爆破时间 [61, 62]. 根据伊藤公式可知, $x(t) = e^{u(t)}, y(t) = e^{v(t)}$ 是系统 (3.6) 的唯一局部正解, 其中 $(x(t), y(t))$ 具有初始值 $(x_0, y_0) \in R_+^2$. 为了证明解是全局的, 需要证明 $\tau_e = \infty$ a.s. 令 $m_0 > 0$ 足够大, 使得 x_0 和 y_0 位于区间 $\left[\dfrac{1}{m_0}, m_0\right]$ 内. 对任意的整数 $m \geqslant m_0$, 定义停时

$$
\tau_m = \inf\left\{t \in [0, \tau_e) : x(t) \notin \left(\frac{1}{m}, m\right) \text{ 或 } y(t) \notin \left(\frac{1}{m}, m\right)\right\},
$$

显然当 $m \to \infty$ 时, τ_m 是增加的. 定义 $\tau_\infty = \lim\limits_{m \to \infty} \tau_m$, 则 $\tau_\infty \leqslant \tau_e$. 可以看出 $\tau_\infty = \infty$ a.s. 意味着 $\tau_e = \infty$ a.s.. 因此, 只需证明 $\tau_\infty = \infty$ a.s.. 如果上式不正确, 则存在一对常数 $T > 0$ 和 $\varepsilon \in (0, 1)$, 使得

$$
P\{\tau_m \leqslant T\} \geqslant \varepsilon.
\tag{3.10}
$$

定义 C^2-函数 $V(x, y)$ 如下:

$$
V(x, y) = x + 1 - \log x + (y + 1 - \log y).
$$

由伊藤公式可得

$$dV(x,y) = LV(x,y)dt + \alpha(x-1)dB_1(t) + \beta(y-1)dB_2(t), \tag{3.11}$$

其中

$$
\begin{aligned}
LV(x,y) &= (x-1)\left(a - bx - \frac{cy}{d_1+x}\right) + \frac{\alpha^2}{2} + (y-1)\left(r - \frac{fy}{k_1+x}\right) + \frac{\beta^2}{2} \\
&= -bx^2 + (a+b)x - a - \frac{cxy - cy}{d_1+x} + ry - \frac{fy^2}{k_1+x} - r + \frac{fy}{k_1+x} + \frac{\alpha^2}{2} + \frac{\beta^2}{2} \\
&\leqslant \frac{\alpha^2}{2} + \frac{\beta^2}{2} + (a+b)x + \left(r + \frac{c}{d_1} + \frac{f}{k_1}\right)y \\
&= c_1 + c_2 x + c_3 y \\
&\leqslant c_1 + 2c_2(x + 1 - \log x) + 2c_3(y + 1 - \log y),
\end{aligned}
$$

其中 $c_1 = \dfrac{\alpha^2}{2} + \dfrac{\beta^2}{2}, c_2 = a + b, c_3 = r + \dfrac{c}{d_1} + \dfrac{f}{k_1}$, 并且在最后一个不等式中用到了下面不等式

$$z \leqslant 2(z + 1 - \log z) - (4 - 2\log 2), \quad z \geqslant 0.$$

因此

$$LV(x,y) \leqslant c_1 + c_4 V(x,y) \leqslant c_5(1 + V(x,y)), \tag{3.12}$$

其中 $c_4 = \max\{2c_2, 2c_3\}, c_5 = \max\{c_1, c_4\}$. 将 (3.12) 代入 (3.11) 有

$$dV(x,y) \leqslant c_5(1 + V(x,y)) + \alpha(x-1)dB_1(t) + \beta(y-1)dB_2(t).$$

因此对任意的 $0 \leqslant t_1 \leqslant T$, 有

$$
\begin{aligned}
&\int_0^{\tau_m \wedge t_1} dV(x(t), y(t)) \\
&\leqslant \int_0^{\tau_m \wedge t_1} c_5(1 + V(x(t), y(t)))dt + \int_0^{\tau_m \wedge t_1} \alpha(x-1)dB_1(t) + \int_0^{\tau_m \wedge t_1} \beta(y-1)dB_2(t).
\end{aligned}
$$

上式两端同时取期望, 有

$$
\begin{aligned}
&E[V(x(\tau_m \wedge t_1)), (y(\tau_m \wedge t_1))] \\
&\qquad \leqslant V(x_0, y_0) + c_5 t_1 + c_5 E \int_0^{\tau_m \wedge t_1} V(x(t), y(t))dt \\
&\qquad \leqslant V(x_0, y_0) + c_5 T + c_5 \int_0^{t_1} EV(x(t \wedge \tau_m), y(t \wedge \tau_m))dt.
\end{aligned}
$$

由 Gronwall 不等式 [61] 可得

$$E[V(x(\tau_m \wedge T), y(\tau_m \wedge T))] \leqslant c_6,$$

其中 $c_6 = (V(x_0, y_0) + c_5 T)e^{c_5 T}$. 对 $m \geqslant m_0$, 令

$$\Omega_m = \{\tau_m \leqslant T\}.$$

根据 (3.10), 可得 $P(\Omega_m) \geqslant \varepsilon$. 注意到对任意的 $\omega \in \Omega_m$, $x(\tau_m, \omega)$, $y(\tau_m, \omega)$ 中至少有一个等于 m 或 $\frac{1}{m}$. 则有

$$c_6 \geqslant E[I_{\Omega_m} V(x(\tau_m), y(\tau_m))]$$
$$\geqslant \varepsilon \left[(m + 1 - \log m) \wedge \left(\frac{1}{m} + 1 + \log m \right) \right],$$

其中 I_{Ω_m} 为 Ω_m 的示性函数. 令 $m \to \infty$, 则产生矛盾 $\infty > c_6 = \infty$. 因此有 $\tau_\infty = \infty$ a.s. 定理 3.1 证毕.

3.1.2　系统 (3.6) 平稳分布的存在性

本节研究系统 (3.6) 的平稳分布. 平稳分布表现为随机系统的解在对应的确定性系统正平衡点的某个邻域内的波动, 可以将其看成是一种弱稳定性. 下面将给出系统 (3.6) 存在平稳分布的充分条件.

定理 3.2　假设 $a > \frac{\alpha^2}{2}, r > \frac{\beta^2}{2}, \dfrac{\left(r - \frac{\beta^2}{2}\right)k_1}{f} < \dfrac{\left(a - \frac{\alpha^2}{2}\right)d_1}{c}$, 则对任意的初始值 $(x_0, y_0) \in R_+^2$, 系统 (3.6) 存在平稳分布 $\mu(\cdot)$, 且具有遍历性.

证明　定义 C^2-函数 V 如下:

$$V(x, y) = g(x, y) + cy - g(x^*, y^*),$$

其中

$$g(x, y) = rx - \frac{kd_1}{c} \log x + \frac{kk_1}{f} \log y + \frac{1}{y^\rho},$$

$(x^*, y^*) = \left(\dfrac{kd_1}{rc}, \left(\dfrac{kk_1}{\rho f} \right)^{-\frac{1}{\rho}} \right)$ 是函数 $g(x, y)$ 的最小值点, k 和 ρ 为正数. 根据伊藤

公式有

$$
\begin{aligned}
LV =& rx\left(a - bx - \frac{cy}{d_1 + x}\right) + cy\left(r - \frac{fy}{k_1 + x}\right) + \frac{kbd_1}{c}x + \frac{k(d_1 - k_1)xy}{(d_1 + x)(k_1 + x)} \\
& -\rho\left(r - \frac{fy}{k_1 + x}\right)y^{-\rho} + \frac{1}{2}\rho(\rho + 1)\beta^2 y^{-\rho} \\
& -k\left[\frac{\left(a - \frac{\alpha^2}{2}\right)d_1}{c} - \frac{\left(r - \frac{\beta^2}{2}\right)k_1}{f}\right].
\end{aligned}
\tag{3.13}
$$

考虑下面有界集合

$$
U = \left\{(x,y) \in R_+^2, \varepsilon \leqslant x \leqslant \frac{1}{\varepsilon}, \varepsilon \leqslant y \leqslant \frac{1}{\varepsilon}\right\}.
$$

则

$$
R_+^2 \backslash U = U_1 \cup U_2 \cup U_3 \cup U_4,
$$

其中

$$
U_1 = \left\{(x,y) \in R_+^2, x > \frac{1}{\varepsilon}\right\}, \quad U_2 = \left\{(x,y) \in R_+^2, 0 < x < \varepsilon\right\},
$$

$$
U_3 = \{(x,y) \in R_+^2, 0 < y < \varepsilon\}, \quad U_4 = \left\{(x,y) \in R_+^2, x \geqslant \varepsilon, y > \frac{1}{\varepsilon}\right\},
$$

ε 是充分小的正数且满足下列条件:

$$
D_1 + \frac{|K_1|}{k_1} - \frac{rb}{2\varepsilon^2} < -1,
\tag{3.14}
$$

$$
\frac{2bm_1}{c\left[\dfrac{\left(a - \frac{\alpha^2}{2}\right)d_1}{c} - \dfrac{\left(r - \frac{\beta^2}{2}\right)k_1}{f}\right]}\varepsilon < \frac{1}{2},
\tag{3.15}
$$

$$
M_4 + \frac{|K_1|}{k_1} - \rho\varepsilon^{-\rho}\left[r - \frac{1}{2}(\rho + 1)\beta^2\right] < -1,
\tag{3.16}
$$

$$
M_4 + \frac{|M_5|}{k_1} - \frac{cf}{2k_1\varepsilon^2 + 2\varepsilon} < -1,
\tag{3.17}
$$

其中 D_1, K_1, M_4 和 M_5 在如下证明中定义. 下面分四种情况进行讨论:

(1) 如果 $(x,y) \in U_1$, 则有

$$LV \leqslant \left(ra + \frac{kbd_1}{c}\right)x - rbx^2 + \frac{1}{k_1+x}\left[-cfy^2 + \frac{crd_1(k_1+x)}{d_1+x}y + \frac{k(d_1-k_1)x}{d_1+x}y\right]$$

$$+\frac{\rho f y^{1-\rho}}{k_1} - \rho y^{-\rho}\left[r - \frac{1}{2}(\rho+1)\beta^2\right] - k\left[\frac{\left(a-\frac{\alpha^2}{2}\right)d_1}{c} - \frac{\left(r-\frac{\beta^2}{2}\right)k_1}{f}\right]$$

$$= \left(ra + \frac{kbd_1}{c}\right)x - rbx^2$$

$$+\frac{1}{k_1+x}\left[-cfy^2 + crd_1\left(\frac{k_1-d_1}{d_1+x}+1\right)y + \frac{k(d_1-k_1)x}{d_1+x}y\right]$$

$$+\frac{1}{k_1+x}\left[\rho f y^{1-\rho} + \frac{\rho f x y^{1-\rho}}{k_1}\right] - \rho y^{-\rho}\left[r - \frac{1}{2}(\rho+1)\beta^2\right]$$

$$-k\left[\frac{\left(a-\frac{\alpha^2}{2}\right)d_1}{c} - \frac{\left(r-\frac{\beta^2}{2}\right)k_1}{f}\right]$$

$$\leqslant \left(ra + \frac{kbd_1}{c}\right)x - rbx^2 + \frac{1}{k_1+x}\left\{-cfy^2 + [cr(d_1+k_1)+kd_1]y\right\}$$

$$+\frac{1}{k_1+x}\left[\rho f y^{1-\rho} + \frac{\rho f}{2k_1}(x^2+y^{2-2\rho})\right] - \rho y^{-\rho}\left[r - \frac{1}{2}(\rho+1)\beta^2\right]$$

$$-k\left[\frac{\left(a-\frac{\alpha^2}{2}\right)d_1}{c} - \frac{\left(r-\frac{\beta^2}{2}\right)k_1}{f}\right]$$

$$\leqslant \left(ra + \frac{kbd_1}{c}\right)x - \frac{1}{2}\left(rb - \frac{\rho f}{k_1^2}\right)x^2$$

$$+\frac{-cfy^2 + [cr(d_1+k_1)+kd_1]y + \rho f y^{1-\rho} + \frac{\rho f}{2k_1}y^{2-2\rho}}{k_1+x}$$

$$-\rho y^{-\rho}\left[r - \frac{1}{2}(\rho+1)\beta^2\right] - k\left[\frac{\left(a-\frac{\alpha^2}{2}\right)d_1}{c} - \frac{\left(r-\frac{\beta^2}{2}\right)k_1}{f}\right] - \frac{1}{2}rbx^2. \quad (3.18)$$

选择 $\rho(0<\rho<1)$ 充分小, 使得

$$rb - \frac{\rho f}{k_1^2} > 0, \quad (3.19)$$

$$r - \frac{1}{2}(\rho+1)\beta^2 > 0. \quad (3.20)$$

条件 $r > \dfrac{\beta^2}{2}$ 可保证 (3.20) 成立. 将 (3.20) 和条件 $\dfrac{\left(r - \dfrac{\beta^2}{2}\right)k_1}{f} < \dfrac{\left(a - \dfrac{\alpha^2}{2}\right)d_1}{c}$ 代入 (3.18) 有

$$
\begin{aligned}
LV \leqslant & \left(ra + \frac{kbd_1}{c}\right)x - \frac{1}{2}\left(rb - \frac{\rho f}{k_1^2}\right)x^2 \\
& + \frac{-cfy^2 + [cr(d_1 + k_1) + kd_1]y + \rho f y^{1-\rho} + \dfrac{\rho f}{2k_1}y^{2-2\rho}}{k_1 + x} - \frac{1}{2}rbx^2 \\
\leqslant & \left(ra + \frac{kbd_1}{c}\right)x - \frac{1}{2}\left(rb - \frac{\rho f}{k_1^2}\right)x^2 + \frac{K_1}{k_1 + x} - \frac{rb}{2\varepsilon^2} \\
\leqslant & D_1 + \frac{|K_1|}{k_1} - \frac{rb}{2\varepsilon^2},
\end{aligned}
$$

其中,

$$
D_1 = \sup_{x \in (0,\infty)} \left\{ \left(ra + \frac{kbd_1}{c}\right)x - \frac{1}{2}\left(rb - \frac{\rho f}{k_1^2}\right)x^2 \right\} < \infty,
$$

$$
K_1 = \sup_{y \in (0,\infty)} \left\{ -cfy^2 + [cr(d_1 + k_1) + kd_1]y + \rho f y^{1-\rho} + \frac{\rho f}{2k_1}y^{2-2\rho} \right\} < \infty.
$$

由 (3.14) 可得

$$
LV < -1.
$$

(2) 若 $(x,y) \in U_2$, 即 $0 < x < \varepsilon < 1$, 则

$$
\begin{aligned}
LV \leqslant & ra + cry - \frac{cfy^2}{k_1 + 1} + \frac{k}{k_1}y + \frac{\rho f}{k_1}y^{1-\rho} - k\left[\frac{a - \dfrac{\alpha^2}{2}}{c} - \frac{r - \dfrac{\beta^2}{2}}{f}\right] + \frac{kbd_1\varepsilon}{c} \\
\leqslant & M_3 - k\left[\frac{\left(a - \dfrac{\alpha^2}{2}\right)d_1}{c} - \frac{\left(r - \dfrac{\beta^2}{2}\right)k_1}{f}\right] + \frac{kbd_1\varepsilon}{c} \\
\leqslant & \widetilde{M_3} - k\left[\frac{\left(a - \dfrac{\alpha^2}{2}\right)d_1}{c} - \frac{\left(r - \dfrac{\beta^2}{2}\right)k_1}{f}\right] + \frac{kbd_1\varepsilon}{c},
\end{aligned}
$$

其中

$$
M_3 = \sup_{y \in (0,\infty)} \left(ra + cry - \frac{cfy^2}{k_1 + 1} + \frac{k}{k_1}y + \frac{\rho f}{k_1}y^{1-\rho}\right),
$$

$$
\widetilde{M_3} = \max\{M_3, 1\}.
$$

设 $k = \dfrac{2\widetilde{M_3}}{\dfrac{\left(a - \dfrac{\alpha^2}{2}\right)d_1}{c} - \dfrac{\left(r - \dfrac{\beta^2}{2}\right)k_1}{f}}$，则有

$$LV \leqslant -\widetilde{M_3} + \dfrac{2bd_1\widetilde{M_3}}{c\left[\dfrac{\left(a - \dfrac{\alpha^2}{2}\right)d_1}{c} - \dfrac{\left(r - \dfrac{\beta^2}{2}\right)k_1}{f}\right]}\varepsilon.$$

由 (3.15) 可得

$$LV \leqslant -\dfrac{\widetilde{M_3}}{2}.$$

(3) 若 $(x, y) \in U_3$，则

$$LV \leqslant \left(ra + \dfrac{kbd_1}{c}\right)x - rbx^2 + \dfrac{1}{k_1 + x}\left\{-cfy^2 + [cr(d_1 + k_1) + kd_1]y\right\}$$

$$+ \dfrac{1}{k_1 + x}\left[\rho fy^{1-\rho} + \dfrac{\rho f}{2k_1}(x^2 + y^{2-2\rho})\right] - \rho y^{-\rho}\left[r - \dfrac{1}{2}(\rho + 1)\beta^2\right]$$

$$\leqslant \left(ra + \dfrac{kbd_1}{c}\right)x - \left(rb - \dfrac{\rho f}{2k_1^2}\right)x^2 - \rho y^{-\rho}\left[r - \dfrac{1}{2}(\rho + 1)\beta^2\right]$$

$$+ \dfrac{-cfy^2 + [cr(d_1 + k_1) + kd_1]y + \rho fy^{1-\rho} + \dfrac{\rho f}{2k_1}y^{2-2\rho}}{k_1 + x}$$

$$\leqslant M_4 + \dfrac{K_1}{k_1 + x} - \rho\varepsilon^{-\rho}\left[r - \dfrac{1}{2}(\rho + 1)\beta^2\right]$$

$$\leqslant M_4 + \dfrac{|K_1|}{k_1} - \rho\varepsilon^{-\rho}\left[r - \dfrac{1}{2}(\rho + 1)\beta^2\right],$$

其中

$$M_4 = \sup_{x \in (0, \infty)}\left\{\left(ra + \dfrac{kbd_1}{c}\right)x - \left(rb - \dfrac{\rho f}{2k_1^2}\right)x^2\right\} < \infty.$$

由 (3.16) 可得

$$LV < -1.$$

(4) 若 $(x, y) \in U_4$，

$$LV \leqslant \left(ra + \dfrac{kbd_1}{c}\right)x - \left(rb - \dfrac{\rho f}{2k_1^2}\right)x^2$$

$$+ \dfrac{-cfy^2 + [cr(d_1 + k_1) + kd_1]y + \rho fy^{1-\rho} + \dfrac{\rho f}{2k_1}y^{2-2\rho}}{k_1 + x}$$

$$\leqslant M_4 + \frac{1}{k_1 + x}\left(-\frac{cf}{2}y^2 + M_5\right)$$

$$\leqslant M_4 + \frac{|M_5|}{k_1} - \frac{cf}{2(k_1 + x)}y^2$$

$$\leqslant M_4 + \frac{|M_5|}{k_1} - \frac{\dfrac{cf}{\varepsilon^2}}{2k_1 + \dfrac{2}{\varepsilon}}$$

$$= M_4 + \frac{|M_5|}{k_1} - \frac{cf}{2k_1\varepsilon^2 + 2\varepsilon},$$

其中

$$M_5 = \sup_{y \in (0,\infty)}\left\{-\frac{1}{2}cfy^2 + [cr(d_1 + k_1) + kd_1]y + \rho f y^{1-\rho} + \frac{\rho f}{2k_1}y^{2-2\rho}\right\}.$$

由 (3.17) 可得

$$LV < -1.$$

根据以上讨论, 对任意的 $(x, y) \in R_+^2 \setminus U$, 有

$$LV < -1.$$

因此引理 1.6 中条件 (A2) 满足.

此外, 存在

$$M = \min\{\alpha^2 x^2, \beta^2 y^2, (x, y) \in \overline{U}\} > 0,$$

使得

$$\sum_{i,j=1}^{2} a_{ij}(x, y)\xi_i\xi_j = \alpha^2 x^2 \xi_1^2 + \beta^2 y^2 \xi_2^2 \geqslant M \mid \xi \mid^2,$$

因此引理 1.6 中条件 (A1) 也满足. 所以, 系统 (3.6) 存在平稳分布, 且具有遍历性.

注 3.1 参考文献 [38, 100] 研究了模型 (3.6) 的特殊情形, 即 $d_1 = k_1 = m$,

$$\begin{cases} dx(t) = x(t)\left(a - bx(t) - \dfrac{cy(t)}{m + x(t)}\right)dt + \alpha x(t)dB_1(t), \\ dy(t) = y(t)\left(r - \dfrac{fy(t)}{m + x(t)}\right)dt + \beta y(t)dB_2(t). \end{cases} \tag{3.21}$$

如果下列条件成立, 则系统 (3.21) 存在平稳分布 $\mu(\cdot)$ 且具有遍历性:

(H1) $\alpha > 0, \beta > 0$;

(H2) $\delta < \min\left\{\dfrac{bfm - cr}{f}\left[x^* + \dfrac{f}{4(bfm - cr)}\left(x^*\alpha^2 + \dfrac{cy^*\beta^2}{r}\right)\right]^2, \dfrac{cf(y^*)^2}{r}\right\},$

其中 (x^*, y^*) 是系统 (3.21) 对应的确定性模型的内部平衡点,

$$\delta = \frac{f}{16(bfm-cr)}\left(x^*\alpha^2 + \frac{cy^*\beta^2}{r}\right)^2 + \frac{1}{2}(x^*+m)\left(x^*\alpha^2 + \frac{cy^*\beta^2}{r}\right).$$

根据定理 3.2 可知, 如果噪声强度足够小, 仅需要条件 $\dfrac{r-\frac{\beta^2}{2}}{f} < \dfrac{a-\frac{\alpha^2}{2}}{c}$ 即可保证系统 (3.21) 存在平稳分布, 不需要对系数加以任何限制. 因此, 定理 3.2 极大地改进了文献 [38] 中定理 2.1. 除此之外, 若 $\alpha=0, \beta=0$, 则定理 3.2 条件变为 $\dfrac{rk_1}{f} < \dfrac{ad_1}{c}$, 此条件恰为系统 (3.3) 内部平衡点存在的条件. 由此可看出, 白噪声的存在有助于系统的稳定.

3.1.3　系统 (3.6) 的非持久性

首先, 考虑如下随机微分方程

$$\begin{cases} dX(t) = X(t)\left(a-bX(t)\right)dt + \alpha X(t)dB_1(t), \\ X(0) = x_0. \end{cases} \tag{3.22}$$

引理 3.1 [100]　设 $a > \dfrac{\alpha^2}{2}$, 则对任意给定的初始值 $x_0 > 0$, 系统 (3.22) 的解具有如下性质:

$$\lim_{t\to\infty} \frac{\log X(t)}{t} = 0, \quad \text{a.s.}$$

$$\lim_{t\to\infty} \frac{1}{t}\int_0^t X(s)ds = \frac{a-\frac{\alpha^2}{2}}{b}, \quad \text{a.s.}$$

定理 3.3　假设 $(x(t), y(t))$ 为系统 (3.6) 的解, 对应的初值为 $(x_0, y_0) \in R_+^2$.

(1) 若 $a-\dfrac{\alpha^2}{2} < 0$, $r-\dfrac{\beta^2}{2} > 0$, 则

$$\lim_{t\to\infty} x(t) = 0, \quad \lim_{t\to\infty} \frac{1}{t}\int_0^t y(s)ds = \frac{k_1\left(r-\frac{\beta^2}{2}\right)}{f} \quad \text{a.s.}$$

(2) 若 $a-\dfrac{\alpha^2}{2} > 0$, $r-\dfrac{\beta^2}{2} < 0$, 则

$$\lim_{t\to\infty} \frac{1}{t}\int_0^t x(s)ds = \frac{a-\frac{\alpha^2}{2}}{b}, \quad \lim_{t\to\infty} y(t) = 0 \quad \text{a.s.}$$

(3) 若 $a - \dfrac{\alpha^2}{2} < 0$, $r - \dfrac{\beta^2}{2} < 0$, 则

$$\lim_{t \to \infty} x(t) = 0, \quad \lim_{t \to \infty} y(t) = 0 \quad \text{a.s.}$$

证明　显然

$$dx(t) \leqslant x(t)\left(a - bx(t)\right)dt + \alpha x(t)dB_1(t).$$

由随机比较定理有

$$x(t) \leqslant \Phi(t), \tag{3.23}$$

其中 $\Phi(t)$ 是如下方程的解

$$\begin{cases} d\Phi(t) = \Phi(t)\left(a - b\Phi(t)\right)dt + \alpha\Phi(t)dB_1(t), \\ \Phi(0) = x(0). \end{cases} \tag{3.24}$$

根据文献 [52] 中定理 2.2 有

$$\Phi(t) = \dfrac{\mathrm{e}^{\left(a - \frac{\alpha^2}{2}\right)t + \alpha B_1(t)}}{\dfrac{1}{x_0} + b\displaystyle\int_0^t \mathrm{e}^{\left(a - \frac{\alpha^2}{2}\right)s + \alpha B_1(s)}ds}. \tag{3.25}$$

(1) 由 (3.23) 和 (3.25) 可得

$$x(t) \leqslant \Phi(t) \leqslant x(0)\mathrm{e}^{\left(a - \frac{\alpha^2}{2}\right)t + B_1(t)}.$$

如果 $a - \dfrac{\alpha^2}{2} < 0$, 则

$$\lim_{t \to \infty} x(t) = 0.$$

对任意的 $\varepsilon > 0$, 存在一个 Ω_ε, 使得

$$P(\Omega_\varepsilon) \geqslant 1 - \varepsilon.$$

对任意的 $\omega \in \Omega_\varepsilon$, 存在 $t_0 = t_0(\omega) > 0$, 使得当 $t \geqslant t_0(\omega)$ 时

$$\dfrac{x(t)}{k_1 + x(t)} \leqslant \varepsilon.$$

因此,

$$\begin{aligned} dy(t) &= y(t)\left(r - \dfrac{fy(t)}{k_1 + x(t)}\right)dt + \beta y(t)dB_2(t) \\ &= y(t)\left(r - \dfrac{f}{k_1}y(t) + \dfrac{fx(t)y(t)}{k_1(k_1 + x(t))}\right)dt + \beta y(t)dB_2(t) \\ &\leqslant y(t)\left(r - \dfrac{f}{k_1}(1 - \varepsilon)y(t)\right)dt + \beta y(t)dB_2(t). \end{aligned}$$

另一方面,

$$dy(t) \geqslant y(t)\left(r - \frac{f}{k_1}y(t)\right)dt + \beta y(t)dB_2(t).$$

如果 $r - \dfrac{\beta^2}{2} > 0$, 根据引理 3.1 及随机比较定理, 有

$$\liminf_{t \to \infty} \frac{1}{t}\int_0^t y(s)ds \geqslant \frac{k_1\left(r - \dfrac{\beta^2}{2}\right)}{f} \quad \text{a.s.},$$

$$\limsup_{t \to \infty} \frac{1}{t}\int_0^t y(s)ds \leqslant \frac{k_1\left(r - \dfrac{\beta^2}{2}\right)}{f(1-\varepsilon)} \quad \text{a.s.},$$

则对任意的 ε 有

$$\lim_{t \to \infty} \frac{1}{t}\int_0^t y(s)ds = \frac{k_1\left(r - \dfrac{\beta^2}{2}\right)}{f} \quad \text{a.s.}$$

(2) 将 (3.23) 代入系统 (3.6) 第二个方程有

$$dy(t) \leqslant y(t)\left(r - \frac{fy(t)}{k_1 + \Phi(t)}\right)dt + \beta y(t)dB_2(t),$$

于是

$$y(t) \leqslant \Psi(t), \tag{3.26}$$

其中 $\Psi(t)$ 满足如下方程:

$$\begin{cases} d\Psi(t) = \Psi(t)\left(r - \dfrac{f\Psi(t)}{k_1 + \Phi(t)}\right)dt + \beta\Psi(t)dB_2(t), \\ \Psi(0) = y(0). \end{cases} \tag{3.27}$$

则 $\Psi(t)$ 可表示为

$$\Psi(t) = \frac{e^{\left(r-\frac{\beta^2}{2}\right)t + \beta B_2(t)}}{\dfrac{1}{y_0} + f\displaystyle\int_0^t \frac{1}{k_1 + \Phi(s)}e^{\left(r-\frac{\beta}{2}\right)s + \beta B_2(s)}ds}. \tag{3.28}$$

由 (3.26) 和 (3.28) 可得

$$y(t) \leqslant \Psi(t) \leqslant y(0)e^{\left(r-\frac{\beta^2}{2}\right)t + \beta B_2(t)}.$$

如果 $r - \dfrac{\beta^2}{2} < 0$, 则

$$\lim_{t \to \infty} y(t) = 0.$$

对任意的 $\varepsilon > 0$, 存在 Ω_ε, 使得 $P(\Omega_\varepsilon) \geqslant 1 - \varepsilon$. 对任意的 $\omega \in \Omega_\varepsilon$, 存在一个 $t_1 = t_1(\omega) > 0$, 使得

$$\frac{cy(t)}{d_1 + x(t)} \leqslant \varepsilon, \quad t \geqslant t_1(\omega).$$

因此,

$$dx(t) \leqslant x(t)(a - bx(t))dt + \alpha x(t)dB_1(t),$$

$$dx(t) \geqslant x(t)(a - bx(t) - \varepsilon)dt + \alpha x(t)dB_1(t).$$

如果 $a - \dfrac{\alpha^2}{2} > 0$, 根据引理 3.1 及随机比较定理, 有

$$\lim_{t\to\infty} \frac{1}{t} \int_0^t x(s)ds = \frac{a - \dfrac{\alpha^2}{2}}{b} \quad \text{a.s.}$$

(3) 根据情况 (1) 和 (2) 的讨论, 若 $a - \dfrac{\alpha^2}{2} < 0$, $r - \dfrac{\beta^2}{2} < 0$, 则有

$$\lim_{t\to\infty} x(t) = 0, \quad \lim_{t\to\infty} y(t) = 0 \quad \text{a.s.}$$

3.1.4 系统 (3.6) 的数值模拟

本节将采用 Higham[77] 的方法对系统 (3.6) 进行数值模拟. 考虑相应的离散化方程:

$$\begin{cases} x_{k+1} = x_k + x_k \left[\left(a - bx_k - \dfrac{cy_k}{d_1 + x_k} \right) \Delta t + \alpha \varepsilon_{1,k} \sqrt{\Delta t} + \dfrac{\alpha^2}{2} (\varepsilon_{1,k}^2 \Delta t - \Delta t) \right], \\ y_{k+1} = y_k + y_k \left[\left(r - \dfrac{fy_k}{k_1 + x_k} \right) \Delta t + \beta \varepsilon_{2,k} \sqrt{\Delta t} + \dfrac{\beta^2}{2} (\varepsilon_{2,k}^2 \Delta t - \Delta t) \right], \end{cases}$$

选择参数如下: $a = 0.6, b = 0.8, c = 0.1, d_1 = 0.6, r = 0.8, c_2 = 0.15, k_1 = 0.3, x_1(0) = 1, x_2(0) = 1.5$, 利用 MATLAB 软件得到系统 (3.6) 的模拟图如下:

图 3.1 中, 选择 $\alpha = 0.1, \beta = 0.1$, 使得参数满足条件 $a > \dfrac{\alpha^2}{2}, r > \dfrac{\beta^2}{2}$ 及

$$\frac{\left(r - \dfrac{\beta^2}{2} \right) k_1}{f} < \frac{\left(a - \dfrac{\alpha^2}{2} \right) d_1}{c}.$$ 因此定理 3.2 得到满足. 图 (a) 与 (c) 中, 种群密度围绕相应确定性系统的平衡点做小幅的振动. 通过图 (b) 和 (d) 的柱状图可看出系统 (3.6) 存在平稳分布.

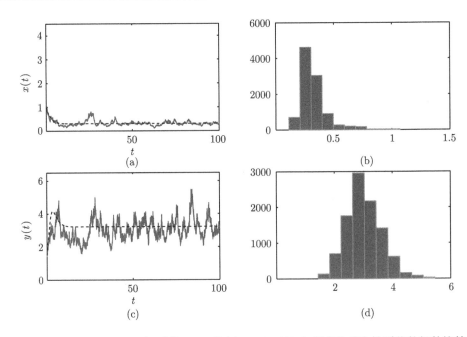

图 3.1　$(\alpha, \beta) = (0.1, 0.1)$ 时, 系统 (3.6) 的解 $(x(t), y(t))$ 与相应的确定性系统的解的比较及其柱状图. 图 (a) 与 (c) 中, 实线代表随机系统的解, 虚线代表相应确定系统的解

图 3.2 中, 改变噪声的强度 ($\alpha = 1.2, \beta = 0.3$), 定理 3.3 的第一种情况满足. 可以看出种群 $x(t)$ 灭绝而种群 $y(t)$ 是持久的.

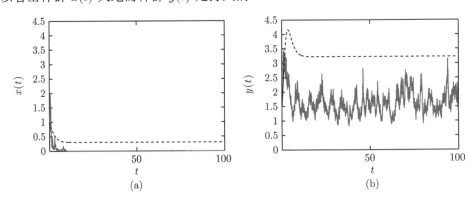

图 3.2　$(\alpha, \beta) = (1.2, 0.3)$ 时, 系统 (3.6) 的解 $(x(t), y(t))$ 与相应的确定性系统的解的比较. 实线代表随机系统的解, 虚线代表相应确定性系统的解

图 3.3 中, 选择 $\alpha = 0.2, \beta = 1.3$, 则定理 3.3 的第二种情况满足. 可以看出种群 $y(t)$ 灭绝而种群 $x(t)$ 持久.

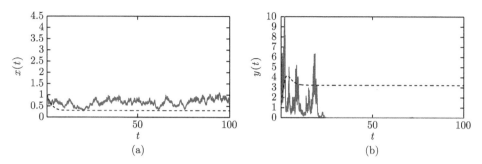

图 3.3 $(\alpha, \beta) = (0.2, 1.3)$ 时, 系统 (3.6) 的解 $(x(t), y(t))$ 与相应的确定性系统的解的比较. 实线代表随机系统的解, 虚线代表相应确定系统的解

图 3.4 中, 增大噪声的强度 ($\alpha = 1.2, \beta = 1.4$), 则定理 3.3 的第三种情况满足. 在这种情况下, 两个种群经过初始阶段大幅度振动后, 最终都灭绝. 然而, 相应的确定性系统却是持久的. 这表明大强度的白噪声会使持久的系统灭绝.

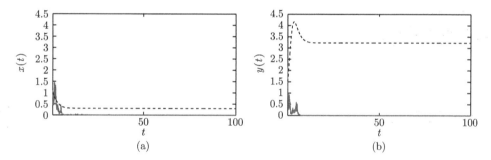

图 3.4 $(\alpha, \beta) = (1.2, 1.4)$ 时, 系统 (3.6) 的解 $(x(t), y(t))$ 与相应的确定性系统的解的比较. 实线代表随机系统的解, 虚线代表相应确定性系统的解

3.1.5 系统 (3.7) 正周期解的存在性

假设

(H) $a(t), b(t), c(t), d_1(t), r(t), f(t), k_1(t), \alpha(t), \beta(t)$ 为正的且连续的周期为 θ 的函数.

定理 3.4 假设条件 (H) 成立且

(A) $\displaystyle\int_0^\theta \left(r(s) - \frac{1}{2}\beta^2(s) \right) ds > 0,$

(B) $\displaystyle\int_0^\theta \left[\frac{d_1^l}{c^u}\left(a(s) - \frac{\alpha^2(s)}{2}\right) - \frac{k_1^u}{f^l}\left(r(s) - \frac{\beta^2(s)}{2}\right) \right] ds > 0,$

则系统 (3.7) 存在周期为 θ 的正周期解.

证明 要证明定理 3.4, 只需证明条件 (1.4) 和 (1.5) 是成立的. 定义 C^2-函数

V 如下:

$$V(t,x,y) = V_1(t,x,y) + V_2(t,x,y),$$

其中

$$V_1(t,x,y) = x - k\frac{d_1^l}{c^u}\log x + y,$$

$$V_2(t,x,y) = k\frac{k_1^u}{f^l}\log y + \frac{\rho}{y^\rho} + \frac{e^{\rho\omega_1(t)}}{y^\rho} + k\omega_2(t),$$

此处 $w_i(t) \in C^1(R_+, R)(i=1,2)$ 是周期为 θ 的函数, ρ 为充分小的正数且满足

$$\frac{1}{\theta}\int_0^\theta \left(r(s) - \frac{1}{2}\beta^2(s)\right)ds - \frac{\rho}{2}\beta^{2^u} + \rho\left(r^u + \frac{1}{2}(\rho+1)\right)\beta^{2^u} > 0. \tag{3.29}$$

显然

$$\liminf_{k\to\infty,(x,y)\in R_+^2\backslash D_k} V(t,x,y) = \infty, \tag{3.30}$$

其中

$$D_k = \left\{(x,y),(x,y) \in \left(\frac{1}{k},k\right)\times\left(\frac{1}{k},k\right)\right\}.$$

考虑如下有界集合

$$\widetilde{U} = \left\{(x,y)\in R_+^2, \lambda \leqslant x \leqslant \frac{1}{\lambda}, \lambda \leqslant y \leqslant \frac{1}{\lambda}\right\}.$$

则

$$R_+^2\backslash U = \tilde{U}_1 \cup \tilde{U}_2 \cup \tilde{U}_3 \cup \tilde{U}_4,$$

其中

$$\tilde{U}_1 = \left\{(x,y)\in R_+^2, x > \frac{1}{\lambda}\right\}, \quad \tilde{U}_2 = \{(x,y)\in R_+^2, 0<x<\lambda\},$$

$$\tilde{U}_3 = \{(x,y)\in R_+^2, 0<y<\lambda\}, \quad \tilde{U}_4 = \left\{(x,y)\in R_+^2, \lambda<x<\frac{1}{\lambda}, y>\frac{1}{\lambda}\right\},$$

此处 $\lambda(\lambda < 1)$ 是充分小的正数且满足下列条件:

$$H_1 + \frac{|H_2|}{k_1^l} - \frac{b^l}{2\lambda^2} \leqslant -1, \tag{3.31}$$

$$\frac{2d_1^l b^u}{c^u\left[\frac{1}{\theta}\int_0^\theta\left(\frac{d_1^l}{c^u}\left(a(s)-\frac{\alpha^2(s)}{2}\right) - \frac{k_1^u}{f^l}\left(r(s)-\frac{\beta^2(s)}{2}\right)\right)ds\right]}\lambda \leqslant \frac{1}{2}, \tag{3.32}$$

$$H_4 + \frac{|H_2|}{k_1^l} - \rho \mathrm{e}^{\rho \omega_1^l} \lambda^{-\rho} \left[\frac{1}{\theta} \int_0^\theta \left(r(s) - \frac{1}{2}\beta^2(s) \right) ds \right.$$

$$\left. - \frac{\rho}{2}\beta^{2^u} + \rho \left(r^u + \frac{1}{2}(\rho+1)\beta^{2^u} \right) \right] \leqslant -1, \tag{3.33}$$

$$H_4 + \frac{|H_5|}{k_1^l} - \frac{f^l}{4k_1^u \lambda^2 + 4\lambda} \leqslant -1. \tag{3.34}$$

由伊藤公式有

$$LV_1(t,x,y) = x \left(a(t) - b(t)x - \frac{c(t)y}{d_1(t)+x} \right) + y \left(r(t) - \frac{f(t)y}{k_1(t)+x} \right)$$

$$- \frac{kd_1^l}{c^u} \left(\left(a(t) - \frac{\alpha^2(t)}{2} \right) - b(t)x - \frac{c(t)y}{d_1(t)+x} \right)$$

$$\leqslant \left(a^u + \frac{kd_1^l b^u}{c^u} \right) x - b^l x^2 + \frac{kd_1^l y}{d_1(t)+x(t)}$$

$$+ \frac{1}{k_1(t)+x}(-f^l y^2 + k_1^u r^u y + r^u xy) - \frac{kd_1^l}{c^u} \left(a(t) - \frac{\alpha^2(t)}{2} \right), \tag{3.35}$$

$$LV_2(t,x,y)$$

$$= k\frac{k_1^u}{f^l} \left(r(t) - \frac{\beta^2(t)}{2} - \frac{f(t)y}{k_1(t)+x} \right) + \rho \mathrm{e}^{\rho \omega_1(t)} \omega_1'(t) y^{-\rho}$$

$$- \rho(\rho + \mathrm{e}^{\rho \omega_1(t)}) y^{-\rho} \left[r(t) - \frac{1}{2}(\rho+1)\beta^2(t) - \frac{f(t)y}{k_1(t)+x} \right] + k\omega_2'(t)$$

$$\leqslant k\frac{k_1^u}{f^l} \left(r(t) - \frac{\beta^2(t)}{2} \right) - k\frac{k_1^u y}{k_1(t)+x} + \frac{\tilde{\rho}}{k_1(t)+x} y^{1-\rho}$$

$$- \rho \mathrm{e}^{\rho \omega_1(t)} y^{-\rho} \left[r(t) - \frac{1}{2}(\rho+1)\beta^2(t) - \omega_1'(t) + \rho \left(r(t) - \frac{1}{2}(\rho+1)\beta^2(t) \right) \right] + k\omega_2'(t)$$

$$\leqslant k\frac{k_1^u}{f^l} \left(r(t) - \frac{\beta^2(t)}{2} \right) - k\frac{k_1^u y}{k_1(t)+x} + \rho(\rho + \mathrm{e}^{\rho |\omega_1|^u}) \frac{f^u}{k_1(t)+x} y^{1-\rho}$$

$$- \rho \mathrm{e}^{\rho \omega_1(t)} y^{-\rho} \left[r(t) - \frac{1}{2}\beta^2(t) - \frac{\rho}{2}\beta^{2^u} - \omega_1'(t) + \rho \left(r^u + \frac{1}{2}(\rho+1)\beta^{2^u} \right) \right] + k\omega_2'(t), \tag{3.36}$$

其中 $\tilde{\rho} = \rho(\rho + \mathrm{e}^{\rho |\omega_1|^u})f^u$. 令

$$\omega_1'(t) = \left(r(t) - \frac{1}{2}\beta^2(t) \right) - \frac{1}{\theta} \int_0^\theta \left(r(s) - \frac{1}{2}\beta^2(s) \right) ds. \tag{3.37}$$

则 $\omega_1(t)$ 是周期为 θ 的函数. 事实上

$$w_1(t+\theta) - w_1(t) = \int_t^{t+\theta} w'(s)ds$$

$$= \int_t^{t+\theta} \left(r(s) - \frac{1}{2}\beta^2(s) \right) ds - \int_0^\theta \left(r(s) - \frac{1}{2}\beta^2(s) \right) ds$$

$$= 0. \tag{3.38}$$

将 (3.37) 代入 (3.36) 有

$$LV_2(t,x,y)$$
$$\leqslant k\frac{k_1^u}{f^l}\left(r(t) - \frac{\beta^2(t)}{2} \right) - k\frac{k_1^u y}{k_1(t)+x} + \frac{\tilde{\rho}}{k_1(t)+x}y^{1-\rho}$$
$$-\rho e^{\rho\omega_1^l}y^{-\rho}\left[\frac{1}{\theta}\int_0^\theta \left(r(s) - \frac{1}{2}\beta^2(s) \right)ds - \frac{\rho}{2}\beta^{2u} + \rho\left(r^u + \frac{1}{2}(\rho+1)\beta^{2u} \right) \right]$$
$$+k\omega_2'(t). \tag{3.39}$$

则

$$LV(t,x,y)$$
$$\leqslant \left(a^u + \frac{kd_1^l b^u}{c^u} \right)x - b^l x^2 + \frac{kd_1^l y}{d_1(t)+x(t)} + \frac{1}{k_1(t)+x}(-f^l y^2 + k_1^u r^u y + r^u xy)$$
$$- \frac{kd_1^l}{c^u}\left(a(t) - \frac{\alpha^2(t)}{2} \right) + k\frac{k_1^u}{f^l}\left(r(t) - \frac{\beta^2(t)}{2} \right) - k\frac{k_1^u y}{k_1(t)+x} + \frac{\tilde{\rho}}{k_1(t)+x}y^{1-\rho}$$
$$- \rho e^{\rho\omega_1^l}y^{-\rho}\left[\frac{1}{\theta}\int_0^\theta \left(r(s) - \frac{1}{2}\beta^2(s) \right)ds - \frac{\rho}{2}\beta^{2u} + \rho\left(r^u + \frac{1}{2}(\rho+1)\beta^{2u} \right) \right] + k\omega_2'(t)$$
$$\leqslant \left(a^u + \frac{kd_1^l b^u}{c^u} \right)x - b^l x^2 + \frac{1}{k_1(t)+x}\left(-f^l y^2 + k_1^u r^u y + r^u xy + \frac{k(d_1^l - k_1^u)xy}{d_1(t)+x} \right)$$
$$+ \frac{\tilde{\rho}}{k_1(t)+x}y^{1-\rho} - \rho e^{\rho\omega_1^l}y^{-\rho}\left[\frac{1}{\theta}\int_0^\theta \left(r(s) - \frac{1}{2}\beta^2(s) \right)ds - \frac{\rho}{2}\beta^{2u} \right.$$
$$\left. + \rho\left(r^u + \frac{1}{2}(\rho+1)\beta^{2u} \right) \right] - k\left[\frac{d_1^l}{c^u}\left(a(t) - \frac{\alpha^2(t)}{2} \right) - \frac{k_1^u}{f^l}\left(r(t) - \frac{\beta^2(t)}{2} \right) - \omega_2'(t) \right]. \tag{3.40}$$

令

$$\omega_2'(t) = \frac{d_1^l}{c^u}\left(a(t) - \frac{\alpha^2(t)}{2} \right) - \frac{k_1^u}{f^l}\left(r(t) - \frac{\beta^2(t)}{2} \right)$$
$$- \frac{1}{\theta}\int_0^\theta \left[\frac{d_1^l}{c^u}\left(a(s) - \frac{\alpha^2(s)}{2} \right) - \frac{k_1^u}{f^l}\left(r(s) - \frac{\beta^2(s)}{2} \right) \right]ds. \tag{3.41}$$

通过与 (3.38) 相类似的计算可得, $\omega_2(t)$ 也是周期为 θ 的函数. 将 (3.41) 代入 (3.40) 可得

$$
\begin{aligned}
&LV(t,x,y)\\
&\leqslant \left(a^u + \frac{kd_1^l b^u}{c^u}\right)x - b^l x^2 + \frac{1}{k_1(t)+x}\left(-f^l y^2 + k_1^u r^u y + r^u xy + \frac{k(d_1^l - k_1^u)xy}{d_1(t)+x}\right)\\
&\quad + \frac{\tilde\rho y^{1-\rho}}{k_1(t)+x} - \rho e^{\rho\omega_1^l} y^{-\rho}\left[\frac{1}{\theta}\int_0^\theta\left(r(s) - \frac{1}{2}\beta^2(s)\right)ds\right.\\
&\quad \left. -\frac{\rho}{2}\beta^{2^u} + \rho\left(r^u + \frac{1}{2}(\rho+1)\beta^{2^u}\right)\right]\\
&\quad -k\left[\frac{1}{\theta}\int_0^\theta\left(\frac{d_1^l}{c^u}\left(a(s) - \frac{\alpha^2(s)}{2}\right) - \frac{k_1^u}{f^l}\left(r(s) - \frac{\beta^2(s)}{2}\right)\right)ds\right]. \tag{3.42}
\end{aligned}
$$

下面分四种情况进行讨论:

(1) 如果 $(x,y)\in U_1$, 将条件 (A) 和 (B) 代入 (3.42), 可得

$$
\begin{aligned}
&LV(t,x,y)\\
&\leqslant \left(a^u + \frac{kd_1^l b^u}{c^u}\right)x - b^l x^2 + \frac{1}{k_1(t)+x}\left(-f^l y^2 + k_1^u r^u y + r^u xy + \frac{k(d_1^l - k_1^u)xy}{d_1(t)+x}\right)\\
&\leqslant \left(a^u + \frac{kd_1^l b^u}{c^u}\right)x - b^l x^2\\
&\quad + \frac{-f^l y^2 + k_1^u r^u y + \tilde\rho y^{1-\rho} + r^u\left(\dfrac{1}{4\lambda_0}x^2 + \lambda_0 y^2\right) + k|d_1^l - k_1^u|y}{k_1(t)+x}, \tag{3.43}
\end{aligned}
$$

第二个不等式中用到了 Young 不等式. 设 $\lambda_0 = \dfrac{f^l}{2r^u}$, 则

$$
\begin{aligned}
&LV(t,x,y)\\
&\leqslant \left(a^u + \frac{kd_1^l b^u}{c^u} + \frac{r^u}{2f^l}\right)x - b^l x^2 + \frac{-\dfrac{f^l}{2}y^2 + k_1^u r^u y + \tilde\rho y^{1-\rho} + k|d_1^l - k_1^u|y}{k_1(t)+x}\\
&\leqslant \left(a^u + \frac{kd_1^l b^u}{c^u} + \frac{r^u}{2f^l}\right)x - \frac{b^l}{2}x^2 + \frac{-\dfrac{f^l}{2}y^2 + k_1^u r^u y + \tilde\rho y^{1-\rho} + k|d_1^l - k_1^u|y}{k_1(t)+x} - \frac{b^l}{2}x^2\\
&\leqslant H_1 + \frac{|H_2|}{k_1^l} - \frac{b^l}{2\lambda^2}, \tag{3.44}
\end{aligned}
$$

其中

$$
H_1 = \sup_{x\in(0,\infty)}\left\{\left(a^u + \frac{kd_1^l b^u}{c^u} + \frac{r^u}{2f^l}\right)x - \frac{b^l}{2}x^2\right\} < \infty,
$$

$$H_2 = \sup_{y \in (0,+\infty)} \left\{ -\frac{f^l}{2} y^2 + k_1^u r^u y + \tilde{\rho} y^{1-\rho} + k|d_1^l - k_1^u|y \right\} < \infty.$$

由 (3.31) 可得

$$LV \leqslant -1. \tag{3.45}$$

(2) 如果 $(x,y) \in U_2$, 即 $0 < x < \lambda < 1$, 有

$$LV(t,x,y) \leqslant a^u - \frac{f^l}{k_1^u} y^2 + \left[\left(\frac{k_1^u}{k_1^l} + 1 \right) r^u + \frac{k|d_1^l - k_1^u|}{k_1^l} \right] y + \frac{\tilde{\rho}}{k_1^l} y^{1-\rho} + \frac{kd_1^l b^u}{c^u} \lambda$$

$$-k \left[\frac{1}{\theta} \int_0^\theta \left(\frac{d_1^l}{c^u} \left(a(s) - \frac{\alpha^2(s)}{2} \right) - \frac{k_1^u}{f^l} \left(r(s) - \frac{\beta^2(s)}{2} \right) \right) ds \right]$$

$$\leqslant |H_3| - k \left[\frac{1}{\theta} \int_0^\theta \left(\frac{d_1^l}{c^u} \left(a(s) - \frac{\alpha^2(s)}{2} \right) - \frac{k_1^u}{f^l} \left(r(s) - \frac{\beta^2(s)}{2} \right) \right) ds \right]$$

$$+ \frac{kd_1^l b^u}{c^u} \lambda, \tag{3.46}$$

其中

$$H_3 = \sup_{y \in (0,+\infty)} \left\{ a^u - \frac{f^l}{k_1^u} y^2 + \left[\left(\frac{k_1^u}{k_1^l} + 1 \right) r^u + \frac{k|d_1^l - k_1^u|}{k_1^l} \right] y + \frac{\tilde{\rho}}{k_1^l} y^{1-\rho} \right\}.$$

设 $k = \dfrac{2|H_3|}{\dfrac{1}{\theta} \int_0^\theta \left(\dfrac{d_1^l}{c^u} \left(a(s) - \dfrac{\alpha^2(s)}{2} \right) - \dfrac{k_1^u}{f^l} \left(r(s) - \dfrac{\beta^2(s)}{2} \right) \right) ds}$, 则有

$$LV \leqslant -|H_3| + \frac{2|H_3|d_1^l b^u}{c^u \left[\dfrac{1}{\theta} \int_0^\theta \left(\dfrac{d_1^l}{c^u} \left(a(s) - \dfrac{\alpha^2(s)}{2} \right) - \dfrac{k_1^u}{f^l} \left(r(s) - \dfrac{\beta^2(s)}{2} \right) \right) ds \right]} \lambda.$$

由 (3.32) 可得

$$LV \leqslant -\frac{|H_3|}{2}. \tag{3.47}$$

(3) 如果 $(x,y) \in U_3$, 根据 (3.44) 有

$$LV \leqslant \left(a^u + \frac{kd_1^l b^u}{c^u} + \frac{r^u}{2f^l} \right) x - b^l x^2$$

$$+ \frac{1}{k_1(t) + x} \left(-\frac{f^l}{2} y^2 + k_1^u r^u y + \tilde{\rho} y^{1-\rho} + k|d_1^l - k_1^u|y \right)$$

$$- \rho \mathrm{e}^{\rho \omega_1^l} y^{-\rho} \left[\frac{1}{\theta} \int_0^\theta \left(r(s) - \frac{1}{2} \beta^2(s) \right) ds - \frac{\rho}{2} \beta^{2^u} + \rho \left(r^u + \frac{1}{2}(\rho+1)\beta^{2^u} \right) \right]$$

$$\leqslant H_4 + \frac{|H_2|}{k_1^l} - \rho \mathrm{e}^{\rho \omega_1^l} \lambda^{-\rho} \left[\frac{1}{\theta} \int_0^\theta \left(r(s) - \frac{1}{2} \beta^2(s) \right) ds \right.$$

$$\left. - \frac{\rho}{2} \beta^{2^u} + \rho \left(r^u + \frac{1}{2}(\rho+1)\beta^{2^u} \right) \right],$$

其中

$$H_4 = \sup_{x \in (0,\infty)} \left\{ \left(a^u + \frac{kd_1^l b^u}{c^u} + \frac{r^u}{2f^l} \right) x - b^l x^2 \right\} < \infty.$$

根据 (3.33), 可得

$$LV \leqslant -1. \tag{3.48}$$

(4) 如果 $(x, y) \in U_4$, 根据情形 (3) 的证明及 (3.29), 可得

$$LV \leqslant \left(a^u + \frac{kd_1^l b^u}{c^u} + \frac{r^u}{2f^l} \right) x - b^l x^2$$

$$+ \frac{1}{k_1(t) + x} \left(-\frac{f^l}{2} y^2 + k_1^u r^u y + \tilde{\rho} y^{1-\rho} + k|d_1^l - k_1^u|y \right)$$

$$\leqslant H_4 + \frac{1}{k_1(t) + x} \left(-\frac{f^l}{4} y^2 + H_5 \right)$$

$$\leqslant H_4 + \frac{|H_5|}{k_1^l} - \frac{f^l}{4(k_1^u + x)} y^2$$

$$\leqslant H_4 + \frac{|H_5|}{k_1^l} - \frac{\dfrac{f^l}{\lambda^2}}{4k_1^u + \dfrac{4}{\lambda}}$$

$$= H_4 + \frac{|H_5|}{k_1^l} - \frac{f^l}{4k_1^u \lambda^2 + 4\lambda},$$

其中

$$H_5 = \sup_{y \in (0,+\infty)} \left\{ -\frac{f^l}{4} y^2 + k_1^u r^u y + \tilde{\rho} y^{1-\rho} + k|d_1^l - k_1^u|y \right\}.$$

根据 (3.34), 有

$$LV \leqslant -1. \tag{3.49}$$

再利用 (3.45), (3.47)~(3.49), 可得

$$LV(t, x, y) \leqslant -C, \tag{3.50}$$

其中 $C = \max\left\{1, \dfrac{|H_3|}{2}\right\}$. 显然 (3.50) 与

$$LV(t, x, y) \leqslant -1$$

是等价的. 上式联合 (3.53) 可得引理 1.5 中条件 (1.4) 和 (1.5) 都满足. 因此根据引理 1.5, 定理 3.4 成立.

3.1.6　系统 (3.7) 的数值模拟

将系统 (3.7) 离散化后得到如下方程:

$$
\begin{cases}
x_{k+1} = x_k + x_k \left[\left(a(k\Delta t) - b(k\Delta t)x_k - \dfrac{c(k\Delta t)y_k}{d_1(k\Delta t) + x_k} \right) \Delta t \right. \\
\qquad \left. + \alpha(k\Delta t)\varepsilon_{1,k}\sqrt{\Delta t} + \dfrac{\alpha^2(k\Delta t)}{2}(\varepsilon_{1,k}^2 \Delta t - \Delta t) \right], \\
y_{k+1} = y_k + y_k \left[\left(r(k\Delta t) - \dfrac{f(k\Delta t)y_k}{k_1(k\Delta t) + x_k} \right) \Delta t \right. \\
\qquad \left. + \beta(k\Delta t)\varepsilon_{2,k}\sqrt{\Delta t} + \dfrac{\beta^2(k\Delta t)}{2}(\varepsilon_{2,k}^2 \Delta t - \Delta t) \right].
\end{cases}
$$

选择参数如下: $a(t) = 0.6 + 0.2\sin t, b(t) = 0.8 + 0.1\sin t, c(t) = 0.1 + 0.1\sin t,$ $d_1(t) = 0.7 + 0.1\sin t, r(t) = 0.8 + 0.1\sin t, f(t) = 0.5 + 0.1\sin t, k_1(t) = 0.3 + 0.1\sin t, x(0) = 0.6, y(0) = 1.2.$

图 3.5 和图 3.6 中, 选择 $\alpha(t) = \beta(t) = 0.01 + 0.01\sin t$, 则定理 3.4 中条件 (A) 与 (B) 满足, 从图上可以看出, 经过一段时间后, 确定系统的解会进入周期轨道, 当噪声强度小时, 随机系统的解会在周期轨道的小邻域内振动.

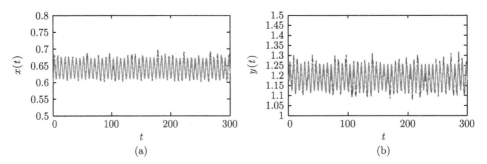

图 3.5　系统 (3.7) 的解与其对应的确定性系统的解, 这里
$\alpha(t) = 0.01 + 0.01\sin t, \beta(t) = 0.01 + 0.01\sin t.$ 实线代表随机系统的解,
虚线代表确定性系统的解

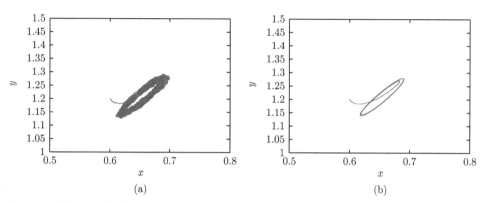

图 3.6 系统 (3.7) 与其对应确定性系统的分布散点图. (a) 为随机系统的散点图, (b) 为相应的确定性系统的散点图, 这里 $\alpha(t) = 0.01 + 0.01\sin t, \beta(t) = 0.01 + 0.01\sin t$

3.2 随机修正的 Holling-Tanner 及 B-D 型捕食–食饵模型

3.2.1 系统 (3.8) 平稳分布的存在性

定理 3.5 假设 $k(a - \beta) < \gamma, b > \sigma_2^2$ 且 $k_1\sigma_1^2 + k\sigma_2^2 < k_1\left(1 - \dfrac{ak}{\beta k + \gamma}\right)$, 其

中 $k_1 = \dfrac{(\beta k + \gamma)(\beta k + \gamma - ak)}{a^2 k}$. 则对任意的初始值 $(x(0), y(0)) \in R_+^2$, 系统 (3.8) 存

在平稳分布 $\mu(\cdot)$ 且具有遍历性.

证明 定义函数

$$g(x, y) = y - k\log y + x - k_1\log x + \frac{k_2}{b}\frac{1}{y},$$

则函数 $g(x, y)$ 具有最小值点 $(\overline{x}, \overline{y}) = \left(k_1, \dfrac{k}{2} + \dfrac{\sqrt{k^2b^2 + 4k_2b}}{2b}\right)$. 定义非负的 C^2-函

数 V 如下:

$$V(x, y) = g(x, y) - g(\overline{x}, \overline{y}).$$

显然

$$\lim_{\varepsilon \to 0} \inf_{(x,y) \in R_+^2 \setminus U} V(x, y) = +\infty,$$

其中

$$U = \left\{(x, y) \in R_+^2, \varepsilon \leqslant x \leqslant \frac{1}{\varepsilon}, \varepsilon \leqslant y \leqslant \frac{1}{\varepsilon}\right\}.$$

而 $R_+^2 \setminus U = U_1 \cup U_2 \cup U_3 \cup U_4$, 其中

$$U_1 = \{(x, y) \in R_+^2, 0 < x < \varepsilon\}, \quad U_2 = \left\{(x, y) \in R_+^2, x > \frac{1}{\varepsilon}\right\},$$

$$U_3 = \{(x,y) \in R_+^2, 0 < y < \varepsilon\}, \quad U_4 = \left\{(x,y) \in R_+^2, \varepsilon < x < \frac{1}{\varepsilon}, y > \frac{1}{\varepsilon}\right\}.$$

ε 是充分小的正数使得下列条件成立:

$$-\frac{1}{k+\varepsilon} + \frac{\varepsilon+1}{2k} < 0, \tag{3.51}$$

$$-\frac{1}{8}\left[k_1\left(1 - \frac{ak}{\beta k+\gamma}\right) - k_1\sigma_1^2 - k\sigma_2^2\right] + \left(\frac{1}{2k} + k_1 + 1\right)\varepsilon < 0, \tag{3.52}$$

$$\varepsilon < \frac{1}{2k}, \tag{3.53}$$

$$-\frac{1}{2\varepsilon^2} + M \leqslant -1, \tag{3.54}$$

$$N - \frac{k_2\left(1 - \dfrac{\sigma_2^2}{b}\right)}{\varepsilon} \leqslant -1, \tag{3.55}$$

$$-\frac{\left(\dfrac{1}{2} - k\varepsilon\right)^2}{\varepsilon(\varepsilon k+1)} + N \leqslant -1, \tag{3.56}$$

其中 M, N 将在下面证明中定义. 根据伊藤公式有

$$
\begin{aligned}
LV &= \frac{-(y-k)^2 + x(y-k)}{k+x} + \frac{k\sigma_2^2}{2} + x\left(1 - x - \frac{ay}{\alpha x + \beta y + \gamma}\right) \\
&\quad - k_1\left(1 - \frac{\sigma_1^2}{2} - x - \frac{ay}{\alpha x + \beta y + \gamma}\right) + k_2\left(-\frac{1 - \dfrac{\sigma_2^2}{b}}{y} + \frac{1}{k+x}\right) \\
&\leqslant \frac{-(y-k)^2 + x(y-k)}{k+x} + \frac{k\sigma_2^2}{2} + x(1-x) \\
&\quad + k_1\left(-1 + \frac{\sigma_1^2}{2} + x + \frac{ay}{\beta y+\gamma}\right) + k_2\left(-\frac{1 - \dfrac{\sigma_2^2}{b}}{y} + \frac{1}{k}\right) \\
&= \frac{-(y-k)^2 + x(y-k)}{k+x} + \frac{k\sigma_2^2}{2} + x(1-x) \\
&\quad + k_1\left[-\left(1 - \frac{\sigma_1^2}{2} - \frac{ak}{\beta k+\gamma}\right) + x + \frac{a\gamma}{\beta k+\gamma}\frac{y-k}{\beta y+\gamma}\right] + k_2\left(-\frac{1 - \dfrac{\sigma_2^2}{b}}{y} + \frac{1}{k}\right).
\end{aligned}
\tag{3.57}
$$

(1) 如果 $(x, y) \in U_1$, 则有

$$
\begin{aligned}
LV \leqslant & -\frac{(y-k)^2}{k+\varepsilon} + \frac{k\sigma_2^2}{2} + \frac{\varepsilon|y-k|}{k} + \varepsilon \\
& + k_1\left[-\left(1 - \frac{\sigma_1^2}{2} - \frac{ak}{\beta k + \gamma}\right) + \varepsilon + \frac{a|y-k|}{\beta k + \gamma}\right] + \frac{k_2}{k} \\
\leqslant & -\frac{(y-k)^2}{k+\varepsilon} + \frac{\varepsilon}{2k}[(y-k)^2+1] + \frac{k\sigma_2^2}{2} + \varepsilon + k_1\frac{\sigma_1^2}{2} \\
& + k_1\left[-\frac{1}{2}\left(1 - \frac{ak}{\beta k + \gamma}\right) + \varepsilon + \frac{a^2(y-k)^2}{2(\beta k + \gamma)(\beta k + \gamma - ak)}\right] + \frac{k_2}{k}.
\end{aligned}
$$

注意到 $k_1 = \dfrac{(\beta k + \gamma)(\beta k + \gamma - ak)}{a^2 k}, k_2 = \dfrac{k}{8}\left[k_1\left(1 - \dfrac{ak}{\beta k + \gamma}\right) - k_1\sigma_1^2 - k\sigma_2^2\right]$, 因此

$$
\begin{aligned}
LV \leqslant & \left(-\frac{1}{k+\varepsilon} + \frac{\varepsilon+1}{2k}\right)(y-k)^2 - \frac{1}{4}\left[k_1\left(1 - \frac{ak}{\beta k + \gamma}\right) - k_1\sigma_1^2 - k\sigma_2^2\right] \\
& - \frac{1}{8}\left[k_1\left(1 - \frac{ak}{\beta k + \gamma}\right) - k_1\sigma_1^2 - k\sigma_2^2\right] + \left(\frac{1}{2k} + k_1 + 1\right)\varepsilon.
\end{aligned}
$$

由 (3.51) 及 (3.52) 可得

$$
LV \leqslant -\frac{1}{4}\left[k_1\left(1 - \frac{ak}{\beta k + \gamma}\right) - k_1\sigma_1^2 - k\sigma_2^2\right] < 0.
$$

(2) 如果 $(x, y) \in U_2$, 则有

$$
\begin{aligned}
LV \leqslant & \frac{-\left(y - k - \dfrac{x}{2}\right)^2 + \dfrac{x^2}{4}}{k+x} + x(1-x) + k_1 x + k_1\frac{\sigma_1^2}{2} + \frac{k\sigma_2^2}{2} \\
& - k_1\left(1 - \frac{ak}{\beta k + \gamma}\right) + \frac{k_1 a\gamma}{\beta(\beta k + \gamma)} + \frac{k_2}{k} \\
\leqslant & -x^2 + \left(\frac{5}{4} + k_1\right)x + \frac{k_1 a\gamma}{\beta(\beta k + \gamma)} + \frac{k_2}{k} \\
\leqslant & -\frac{x^2}{2} + M \\
\leqslant & -\frac{1}{2\varepsilon^2} + M,
\end{aligned}
$$

其中 $M = \max\left\{-\dfrac{x^2}{2} + \left(\dfrac{5}{4} + k_1\right)x + \dfrac{k_1 a\gamma}{\beta(\beta k + \gamma)} + \dfrac{k_2}{k}\right\}$. 由 (3.54) 可得

$$
LV \leqslant -1.
$$

(3) 如果 $(x,y) \in U_3$, 则有

$$LV \leqslant -x^2 + \left(\frac{5}{4} + k_1\right)x + k_1\frac{\sigma_1^2}{2} + \frac{k\sigma_2^2}{2} - k_1\left(1 - \frac{ak}{\beta k + \gamma}\right) + \frac{k_1 a\gamma}{\beta(\beta k + \gamma)}$$

$$+ k_2\left(-\frac{1 - \dfrac{\sigma_2^2}{b}}{y} + \frac{1}{k}\right)$$

$$\leqslant N - \frac{k_2\left(1 - \dfrac{\sigma_2^2}{b}\right)}{y} \leqslant N - \frac{k_2\left(1 - \dfrac{\sigma_2^2}{b}\right)}{\varepsilon},$$

其中 $N = \max\left\{-x^2 + \left(\frac{5}{4} + k_1\right)x + \frac{k_1 a\gamma}{\beta(\beta k + \gamma)} + \frac{k_2}{k}\right\}$. 由 (3.55), 可得

$$LV \leqslant -1.$$

(4) 如果 $(x,y) \in U_4$, 注意到

$$\frac{-(y-k)^2 + x(y-k)}{k+x} = \frac{-\left(y - k - \dfrac{x}{2}\right)^2 + \dfrac{x^2}{4}}{k+x}$$

$$\leqslant \frac{-\left(\dfrac{1}{\varepsilon} - k - \dfrac{1}{2\varepsilon}\right)^2 + \dfrac{x^2}{4}}{k+x}$$

$$= \frac{-\left(\dfrac{1}{2\varepsilon} - k\right)^2 + \dfrac{x^2}{4}}{k+x}$$

$$\leqslant \frac{-\left(\dfrac{1}{2\varepsilon} - k\right)^2}{k + \dfrac{1}{\varepsilon}} + \frac{x^2}{4(k+x)}$$

$$= -\frac{\left(\dfrac{1}{2} - k\varepsilon\right)^2}{\varepsilon(\varepsilon k + 1)} + \frac{x}{4}.$$

因此

$$LV \leqslant -\frac{\left(\dfrac{1}{2} - k\varepsilon\right)^2}{\varepsilon(\varepsilon k + 1)} - x^2 + \left(\frac{5}{4} + k_1\right)x + \frac{k_1 a\gamma}{\beta(\beta k + \gamma)} + \frac{k_2}{k}$$

$$\leqslant -\frac{\left(\dfrac{1}{2} - k\varepsilon\right)^2}{\varepsilon(\varepsilon k + 1)} + N.$$

由 (3.56) 可得

$$LV \leqslant -1.$$

由以上讨论可知: 对任意的 $(x, y) \in R_+^2 \setminus U$ 有

$$LV \leqslant -C,$$

其中 $C = \max\left\{ \dfrac{1}{4}\left[k_1\left(1 - \dfrac{ak}{\beta k + \gamma}\right) - k_1\sigma_1^2 - k\sigma_2^2 \right], 1 \right\}$. 因此引理 1.6 中条件 (A2) 得到满足, 除此之外, 根据文献 [47] 中的定理 5.1, 条件 (A1) 满足. 由引理 1.6, 定理 3.5 得证.

注 3.2 参考文献 [47] 给出了模型 (3.4) 存在平稳分布且是遍历的充分条件:

(H1) $k \leqslant \gamma, \alpha \geqslant 1, k(\alpha - \beta) \leqslant \gamma, A - \dfrac{a\alpha y^*}{\gamma} > 0;$

(H2) $\delta < \min\left\{ \left(M_1 - \dfrac{a(\alpha x^* + \gamma + 1)}{2\varepsilon}\right)\left(x^* + \dfrac{M_2}{2\left(M_1 - \dfrac{a(\alpha x^* + \gamma + 1)}{2\varepsilon}\right)}\right)^2, \right.$

$$\left. a\left(1 - \dfrac{\varepsilon(\alpha x^* + \gamma + 1)}{2}\right)(y^*)^2 \right\},$$

其中 (x^*, y^*) 是系统 (3.8) 对应的确定性模型的内部平衡点, $A = \alpha x^* + \beta y^* + \gamma$, $\delta = M_2 x^* + \dfrac{M_2^2}{4\left(M_1 - \dfrac{a(\alpha x^* + \gamma + 1)}{2\varepsilon}\right)} + k M_2, M_1 = k\left(A - \dfrac{a\alpha y^*}{\gamma}\right), M_2 = \dfrac{A}{2}x^*\sigma_1^2 + \dfrac{a}{2b}y^*\sigma_2^2, \varepsilon$ 是正数且满足

$$M_1 - \frac{a(\alpha x^* + \gamma + 1)}{2\varepsilon} > 0, \quad 1 - \frac{\varepsilon(\alpha x^* + \gamma + 1)}{2} > 0.$$

由定理 3.5 可知, 当 $k(a - \beta) < \gamma$ 时, 若噪声强度足够小, 即可保证系统存在平稳分布, 不需要对系数加以任何限制. 因此, 定理 3.5 极大地改进了 Mandal 等 [47] 的结果. 除此之外, 若 $\sigma_1 = 0, \sigma_2 = 0$, 则上述条件变为

$$k(a - \beta) < \gamma,$$

此条件恰为系统 (3.5) 内部平衡点存在的条件. 从某种意义上说, 小强度环境白噪声的存在是有益于系统的稳定的.

3.2.2 系统 (3.8) 的非持久性

定理 3.6 设 $(x(t), y(t))$ 为系统 (3.8) 的解, 初始值 $(x_0, y_0) \in R_+^2$, 则解 $(x(t), y(t))$ 具有如下性质:

(1) 若 $1 - \dfrac{\sigma_1^2}{2} < 0,\ b - \dfrac{\sigma_2^2}{2} > 0$, 则

$$\lim_{t \to \infty} x(t) = 0, \quad \lim_{t \to \infty} \frac{1}{t} \int_0^t y(s)ds = \frac{k\left(1 - \dfrac{\sigma_2^2}{2}\right)}{b} \ \ \text{a.s.};$$

(2) 若 $1 - \dfrac{\sigma_1^2}{2} > 0,\ b - \dfrac{\sigma_2^2}{2} < 0$, 则

$$\lim_{t \to \infty} \frac{1}{t} \int_0^t x(s)ds = \frac{a - \dfrac{\alpha^2}{2}}{b}, \quad \lim_{t \to \infty} y(t) = 0 \ \text{a.s.};$$

(3) 若 $1 - \dfrac{\sigma_1^2}{2} < 0,\ b - \dfrac{\sigma_2^2}{2} < 0$, 则

$$\lim_{t \to \infty} x(t) = 0, \quad \lim_{t \to \infty} y(t) = 0 \ \text{a.s..}$$

证明   (1) 显然

$$dx(t) \leqslant x(t)\left(1 - x(t)\right)dt + \sigma_1 x(t)dB_1(t).$$

由随机比较定理有

$$x(t) \leqslant \Phi(t), \tag{3.58}$$

其中 $\Phi(t)$ 是如下方程的解:

$$\begin{cases} d\Phi(t) = \Phi(t)\left(1 - \Phi(t)\right)dt + \sigma_1 \Phi(t)dB_1(t), \\ \Phi(0) = x_0. \end{cases} \tag{3.59}$$

则

$$\Phi(t) = \frac{e^{\left(1 - \frac{\sigma_1^2}{2}\right)t + \sigma_1 B_1(t)}}{\dfrac{1}{x_0} + \displaystyle\int_0^t e^{\left(1 - \frac{\sigma_1^2}{2}\right)s + \sigma_1 B_1(s)}ds}. \tag{3.60}$$

利用 (3.60) 和 (3.58) 可得

$$x(t) \leqslant \Phi(t) \leqslant x(0)e^{\left(1 - \frac{\sigma_1^2}{2}\right)t + \sigma_1 B_1(t)}.$$

如果 $1 - \dfrac{\sigma_1^2}{2} < 0$, 显然

$$\lim_{t \to \infty} x(t) = 0,$$

则对任意的 $\varepsilon > 0$, 存在 Ω_ε, 使得 $P(\Omega_\varepsilon) \geqslant 1 - \varepsilon$. 对所有的 $\omega \in \Omega_\varepsilon$, 存在 $t_0 = t_0(\omega) > 0$, 当 $t \geqslant t_0(\omega)$ 时, 有

$$\frac{x(t)}{k + x(t)} \leqslant \varepsilon.$$

因此,

$$
\begin{aligned}
dy(t) &= by(t) \left(1 - \frac{y(t)}{k + x(t)} \right) dt + \sigma_2 y(t) dB_2(t) \\
&= by(t) \left(1 - \frac{1}{k} y(t) + \frac{x(t)y(t)}{k(k + x(t))} \right) dt + \sigma_2 y(t) dB_2(t) \\
&\leqslant by(t) \left(1 - \frac{1}{k}(1 - \varepsilon)y(t) \right) dt + \sigma_2 y(t) dB_2(t),
\end{aligned}
$$

$$dy(t) \geqslant by(t) \left(1 - \frac{1}{k} y(t) \right) dt + \sigma_2 y(t) dB_2(t).$$

根据引理 3.1 及随机比较定理, 当 $b - \frac{\sigma_2^2}{2} > 0$, 有

$$\liminf_{t \to \infty} \frac{1}{t} \int_0^t y(s)ds \geqslant \frac{k\left(1 - \frac{\sigma_2^2}{2}\right)}{b} \quad \text{a.s.}$$

$$\limsup_{t \to \infty} \frac{1}{t} \int_0^t y(s)ds \leqslant \frac{k\left(1 - \frac{\sigma_2^2}{2}\right)}{(1 - \varepsilon)b} \quad \text{a.s.}$$

由 ε 的任意性, 有

$$\lim_{t \to \infty} \frac{1}{t} \int_0^t y(s)ds = \frac{k\left(1 - \frac{\sigma_2^2}{2}\right)}{b} \quad \text{a.s.}$$

(2) 将 (3.58) 代入 (3.4) 的第二个方程, 则有

$$dy(t) \leqslant by(t) \left(1 - \frac{y(t)}{k + \Phi(t)} \right) dt + \sigma_2 y(t) dB_2(t),$$

上式意味着

$$y(t) \leqslant \Psi(t), \tag{3.61}$$

其中 $\Psi(t)$ 为如下方程的解

$$
\begin{cases}
d\Psi(t) = b\Psi(t) \left(1 - \frac{\Psi(t)}{k + \Phi(t)} \right) dt + \sigma_2 \Psi(t) dB_2(t), \\
\Psi(0) = y_0.
\end{cases}
\tag{3.62}
$$

(3.62) 的解为

$$\Psi(t) = \frac{be^{\left(b-\frac{\sigma_2^2}{2}\right)t+\sigma_2 B_2(t)}}{\dfrac{1}{y_0} + \displaystyle\int_0^t \frac{1}{k+\Phi(s)}e^{\left(1-\frac{\sigma_2^2}{2}\right)s+\sigma_2 B_2(s)}ds}. \tag{3.63}$$

(3.61) 联合 (3.63) 可得

$$y(t) \leqslant \Psi(t) \leqslant y_0 be^{\left(b-\frac{\sigma_2^2}{2}\right)t+\sigma_2 B_2(t)}.$$

若 $b-\dfrac{\sigma_2^2}{2} < 0$, 则

$$\lim_{t\to\infty} y(t) = 0.$$

对任意的 $\varepsilon > 0$, 存在 Ω_ε, 使得 $P(\Omega_\varepsilon) \geqslant 1-\varepsilon$. 对所有的 $\omega \in \Omega_\varepsilon$, 存在 $t_1 = t_1(\omega) > 0$, 使得

$$\frac{ay(t)}{\alpha x(t) + \beta y(t) + \gamma} \leqslant \varepsilon, \quad t \geqslant t_1(\omega).$$

因此,

$$dx(t) \leqslant x(t)(1-x(t))dt + \sigma_1 x(t)dB_1(t),$$

$$dx(t) \geqslant x(t)(1-x(t)-\varepsilon)dt + \sigma_1 x(t)dB_1(t).$$

根据引理 3.1, 当 $1-\dfrac{\sigma_1^2}{2} > 0$ 时, 有

$$\lim_{t\to\infty}\frac{1}{t}\int_0^t x(s)ds = 1-\frac{\sigma_1^2}{2} \quad \text{a.s.}.$$

(3) 基于前两种情况的讨论, 当 $1-\dfrac{\sigma_1^2}{2} < 0$, $b-\dfrac{\sigma_2^2}{2} < 0$ 时, 有

$$\lim_{t\to\infty} x(t) = 0, \quad \lim_{t\to\infty} y(t) = 0 \quad \text{a.s.}.$$

3.2.3   数值模拟

根据 Higham[77] 的离散化方法, 可得到如下离散化方程:

$$\begin{cases} x_{k+1} = x_k + x_k\left[\left(1-x_k-\dfrac{ay_k}{\alpha x_k+\beta y_k+\gamma}\right)\Delta t + \sigma_1\varepsilon_{1,k}\sqrt{\Delta t} + \dfrac{\sigma_1^2}{2}(\varepsilon_{1,k}^2\Delta t - \Delta t)\right], \\ y_{k+1} = y_k + y_k\left[\left(b-\dfrac{by_k}{k+x_k}\right)\Delta t + \sigma_2\varepsilon_{2,k}\sqrt{\Delta t} + \dfrac{\sigma_2^2}{2}(\varepsilon_{2,k}^2\Delta t - \Delta t)\right]. \end{cases}$$

选择参数 $a=1, \alpha=0.6, \beta=1.4, \gamma=0.7, b=2, k=1$, 初始值 $x_0=1, y_0=1.5$, 选择不同的噪声强度, 用于说明噪声在种群动力学中的作用, 得到模拟图 3.7 和图 3.8.

图 3.7 中, 选择 $\sigma_1 = 0.1, \sigma_2 = 0.2$, 参数的选择满足存在平稳分布的条件 (定理 3.5). 图 (a) 和 (c) 中, 种群密度围绕相应确定性系统的平衡点做小幅的振动. 通过图 (b) 和 (d) 的密度函数图可看出系统 (3.8) 存在平稳分布.

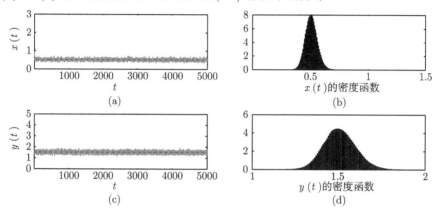

图 3.7 系统 (3.8) 的解与其确定性系统的解及系统 (3.8) 的密度函数图, 这里 $(\sigma_1, \sigma_2) = (0.1, 0.2)$. 图 (a) 与 (c) 中实线表示随机系统的解, 虚线代表相应确定性系统的解

图 3.8 中, 增大噪声的强度 $\sigma_1 = 0.5, \sigma_2 = 0.7$. 种群密度依旧围绕确定性系统的平衡状态波动, 与图 3.7 相比, 可以看出波动的幅度明显变大, 图 (b) 和 (d) 的密度函数图可看出系统 (3.8) 仍然存在平稳分布.

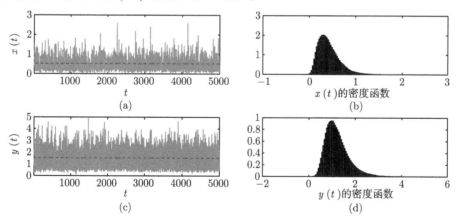

图 3.8 系统 (3.8) 的解与其确定性系统的解及系统 (3.8) 的密度函数图, 这里 $(\sigma_1, \sigma_2) = (0.5, 0.7)$. 图 (a) 与 (c) 中实线表示随机系统的解, 虚线代表相应确定性系统的解

图 3.9 中, 选择 $\sigma_1 = 1.5, \sigma_2 = 0.1$, 定理 3.5 的条件不满足, 定理 3.6 的情况 (1) 满足. 可以看出, 食饵种群灭绝而捕食者种群能够生存.

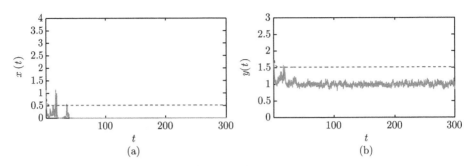

图 3.9   系统 (3.8) 的解与其确定性系统的解, 这里 $(\sigma_1, \sigma_2) = (1.5, 0.1)$.
实线表示随机系统的解, 虚线代表相应确定性系统的解

图 3.10 中, 选择噪声的强度 $\sigma_1 = 0.1, \sigma_2 = 2.1$, 则定理 3.6 的情况 (2) 满足. 在这种情况下, 捕食者种群灭亡, 食饵种群没有灭亡, 但食饵种群的密度不再围绕确定性系统的平衡位置波动.

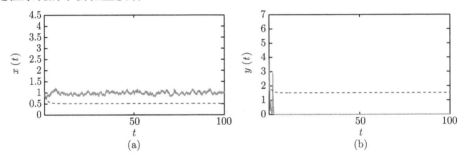

图 3.10   系统 (3.8) 的解与其确定性系统的解, 这里 $(\sigma_1, \sigma_2) = (0.1, 2.1)$.
实线表示随机系统的解, 虚线代表相应确定性系统的解

图 3.11 中, 选择噪声的强度 $\sigma_1 = 1.5, \sigma_2 = 2.1$, 则定理 3.6 的情况 (3) 满足. 在这种情况下, 两个种群经过初始阶段大幅度振动后, 最终都灭绝. 然而, 相应的确定性系统却是持久的. 这表明大强度的白噪声会使持久的系统灭绝.

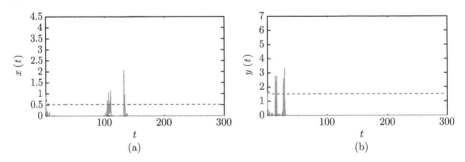

图 3.11   系统 (3.8) 的解与其确定性系统的解, 这里 $(\sigma_1, \sigma_2) = (1.5, 2.1)$.
实线表示随机系统的解, 虚线代表相应确定性系统的解

第 4 章　具有流行病的随机竞争种群系统

众所周知, 在生态学中, 种群间竞争同一资源的情况是广泛存在的. 通过数学模型表示竞争种群时, 种群间相互抑制作用是通过负的双线性项来表示的. 经典的两种群竞争模型可表示为 [101]

$$
\begin{cases}
\dot{P}(t) = P(t)(a - bP(t) - cQ(t)), \\
\dot{Q}(t) = Q(t)(d - eP(t) - fQ(t)),
\end{cases}
\tag{4.1}
$$

其中 $P(t), Q(t)$ 分别表示两个竞争种群的密度, a, d 表示两种群的内禀增长率, b, f 表示两种群种内竞争系数, c 为由种群 $Q(t)$ 对资源的竞争造成种群 $P(t)$ 的损耗率, e 为由种群 $P(t)$ 对资源的竞争造成种群 $Q(t)$ 的损耗率.

系统 (4.1) 有如下 4 个平衡点: $E_0 = (0,0), E_1 = \left(\dfrac{a}{b}, 0\right), E_2 = \left(0, \dfrac{d}{f}\right), E_3 = \left(\dfrac{af - cd}{bf - ce}, \dfrac{bd - ae}{bf - ce}\right)$, 并且 4 个平衡点的稳定性如下 [22, 101]:

(1) 平衡点 E_0 是不稳定的;

(2) 当 $bd < ae$ 时, 平衡点 E_1 是稳定的;

(3) 当 $af < cd$ 时, 平衡点 E_2 是稳定的;

(4) 当 $bf - ce, bd - ae, af - cd$ 的符号相同时, 正平衡点 E_3 是存在的, 且当 $b > e, f > c, af > cd, bd > ae$ 时, 正平衡点 E_3 是稳定的.

同时, 疾病在种群中也是经常存在的, 疾病在种群中的流行, 可能会使原有种群模型的动力学行为发生改变 [102−108]. 为使模型简单化, 假设疾病在其中一个竞争种群中传播 (这里假设疾病不能跨越种群的界限), Venturino 及 Sinha 等 [22, 109] 研究如下模型:

$$
\begin{cases}
\dot{P}(t) = P(t)(a - bP(t) - cQ(t) - \eta V(t)), \\
\dot{Q}(t) = Q(t)(d - eP(t) - f(Q(t) + V(t)) - \delta V(t)), \\
\dot{V}(t) = V(t)(\delta Q(t) - gP(t) - f(Q(t) + V(t))),
\end{cases}
\tag{4.2}
$$

其中 η 为 $V(t)$ 对资源的竞争造成种群 $P(t)$ 的损耗率, δ 为疾病的转移率.

Venturino 等对模型 (4.2) 平衡点的稳定性进行了研究, 得到如下结论:

(1) 平衡点 $E_0 = (0, 0, 0)$ 是不稳定的;

(2) 当 $ae > bd$ 时, 平衡点 $E_1 = \left(\dfrac{a}{b}, 0, 0\right)$ 是局部稳定的.

(3) 当 $cd > af, f > \delta$ 时, 平衡点 $E_2 = \left(0, \dfrac{d}{f}, 0 \right)$ 是局部稳定的.

(4) 若 $bf - ce, bd - ae, af - cd$ 的符号相同, 则平衡点 $E_3 = \left(\dfrac{cd - af}{ce - bf}, \dfrac{ae - bd}{ce - bf}, 0 \right)$
是存在的, 当 $\delta < f, b > e, f > c, af > cd, bd > ae$ 时, 此平衡点是稳定的.

(5) 若 $\delta > f, g(f+\delta) > ef, a > (ca_1 + \eta a_3), (\delta - f)(gf + g\delta - ef) > g\delta^2$, 则存在正
的内部平衡点 $E^* = (\hat{P}, \hat{Q}, \hat{V})$, 其中 $\hat{P} = \dfrac{a - ca_1 - \eta a_3}{b + ca_2 + \eta a_4}, \hat{Q} = a_1 + a_2 \hat{P}, \hat{V} = a_3 + a_4 \hat{P}$,

$$a_1 = \frac{df}{\delta^2}, \quad a_2 = \frac{gf + g\delta - ef}{\delta^2}, \quad a_3 = \frac{(\delta - f)d}{\delta^2}, \quad a_4 = \frac{(\delta - f)(gf + g\delta - ef)}{f\delta^2} - \frac{g}{f}.$$

若下列条件成立, 则平衡点 E^* 是全局渐近稳定的:

(1) $(c + e)^2 < bf$;

(2) $(\eta + 2g)^2 < 2bf$;

(3) $(3f - \delta)^2 < 2f^2$.

考虑系统 (4.2) 受到环境白噪声的干扰, 本章研究两种扰动, 一种是参数 δ 扰
动, 即

$$\delta \rightarrow \delta + \sigma \dot{B}(t),$$

则得到如下随机系统:

$$\begin{cases} dP(t) = P(t)(a - bP(t) - cQ(t) - \eta V(t))dt, \\ dQ(t) = Q(t)(d - eP(t) - f(Q(t) + V(t)) - \delta V(t))dt - \sigma Q(t)V(t)dB(t), \quad (4.3) \\ dV(t) = V(t)[\delta Q(t) - gP(t) - f(Q(t) + V(t)]dt + \sigma Q(t)V(t)dB(t), \end{cases}$$

这里 $B(t)$ 是一维标准布朗运动, σ^2 为白噪声强度.

考虑另一种扰动方式是线性扰动, 则得到如下随机系统:

$$\begin{cases} dP(t) = P(t)(a - bP(t) - cQ(t) - \eta V(t))dt + \sigma_1 P(t)dB_1(t), \\ dQ(t) = Q(t)(d - eP(t) - f(Q(t) + V(t)) - \delta V(t))dt + \sigma_2 Q(t)dB_2(t), \quad (4.4) \\ dV(t) = V(t)[\delta Q(t) - gP(t) - f(Q(t) + V(t)]dt + \sigma_3 V(t)dB_3(t), \end{cases}$$

其中 $B_1(t), B_2(t), B_3(t)$ 是相互独立的一维标准布朗运动, $\sigma_1^2, \sigma_2^2, \sigma_3^2$ 是白噪声强度.

4.1　疾病转移率扰动的具有流行病的随机竞争种群系统

本节考虑系统 (4.3) 的动力学行为. 系统存在唯一的全局正解是考虑种群动力
学行为的前提, 随机微分方程有唯一的全局解要求方程系数满足局部 Lipschitz 条

件和线性增长条件. 对于系统 (4.3), 系数满足局部 Lipschitz 条件, 但不满足线性增长条件, 利用构造 Lyapunov 函数的方法, 可研究解的存在唯一性.

4.1.1　系统 (4.3) 全局正解的存在唯一性

定理 4.1　设 $(P(t), Q(t), V(t))$ 为系统 (4.3) 的解, 则对于任意给定的初值 $(P(0), Q(0), V(0)) \in R_+^3$, 系统存在唯一的正解 $(P(t), Q(t), V(t)) \in R_+^3$, 并且解会以概率 1 存在于 R_+^3 内.

证明　对于任意给定的初值 $(P(0), Q(0), V(0)) \in R_+^3$, 系统 (4.3) 存在唯一局部解 $(P(t), Q(t), V(t))$, $t \in [0, \tau_e)$, 其中 τ_e 是爆破时间 [61, 62].

设正数 m_0 足够大, 使得 $P(0), Q(0), V(0)$ 都在区间 $\left[\dfrac{1}{m_0}, m_0\right]$ 中. 对任意整数 m, 其中 $m \geqslant m_0$, 定义停时

$$\tau_m = \inf\left\{ t \in [0, \tau_e) : \min\{P(t), Q(t), V(t)\} \leqslant \frac{1}{m} \text{ 或 } \max\{P(t), Q(t), V(t)\} \geqslant m \right\},$$

假设 $\inf \varnothing = \infty$. 显然 τ_m 关于 m 是单调递增的. 令 $\tau_\infty = \lim\limits_{m \to \infty} \tau_m$, 则 $\tau_\infty \leqslant \tau_e$. 显然若 $\tau_\infty = \infty$ a.s., 则 $\tau_e = \infty$ a.s. 因此为证明解是全局的, 只需证

$$\tau_\infty = \infty \quad \text{a.s.}$$

如果上式不成立, 则存在一对常数 $T > 0$ 和 $\varepsilon \in (0, 1)$, 使得

$$P\{\tau_\infty \leqslant T\} > \varepsilon.$$

从而存在整数 $m_1 \geqslant m_0$, 使得对所有的 $m \geqslant m_1$, 有

$$P\{\tau_m \leqslant T\} \geqslant \varepsilon. \tag{4.5}$$

定义正定函数如下:

$$V_1(P, Q, V) = (P - 1 - \log P) + (Q - 1 - \log Q) + (V - 1 - \log V).$$

根据伊藤公式 [29, 61] 得

$$dV_1(P, Q, V) = LV_1(P, Q, V)dt + \sigma(Q - 1)V dB(t) + \sigma(V - 1)Q dB(t),$$

其中

$$\begin{aligned}
LV_1(P, Q, V) &= (P - 1)(a - bP - cQ - \eta V) + (Q - 1)[d - eP - f(Q + V) - \delta V] \\
&\quad + \frac{1}{2}\sigma^2 V^2 + (V - 1)[\delta Q - gP - f(Q + V)] + \frac{1}{2}\sigma^2 Q^2 \\
&\leqslant -bP^2 + (a + b + e + g)P - fQ^2 + (c + d)Q - fV^2 \\
&\quad + (\eta + \delta)V + 2f(Q + V) + \frac{1}{2}\sigma^2(Q^2 + V^2).
\end{aligned} \tag{4.6}$$

因为

$$d(Q(t) + V(t)) = (d_1 Q - ePQ - fQ^2 - 2fQV - gPV - fV^2)dt$$
$$\leqslant [d_1(Q+V) - f(Q+V)^2]dt,$$

所以由比较定理可得

$$Q(t) + V(t) \leqslant \begin{cases} \dfrac{d_1}{f}, & Q(0) + V(0) \leqslant \dfrac{d_1}{f}, \\ Q(0) + V(0), & Q(0) + V(0) > \dfrac{d_1}{f}. \end{cases} \tag{4.7}$$

令

$$M_1 := \max\left\{ \frac{d_1}{f}, Q(0) + V(0) \right\}.$$

显然

$$Q(t) + V(t) \leqslant M_1. \tag{4.8}$$

将 (4.8) 代入 (4.6), 可得

$$LV_1 \leqslant -bP^2 + (a+b+e+g)P - fQ^2 + (c+d)Q$$
$$- fV^2 + (\eta + \delta)V + 2fM + \frac{1}{2}\sigma^2 M_1^2$$
$$\leqslant K,$$

其中 K 为常数. 对任意的 $0 \leqslant t_1 \leqslant T$, 有

$$\int_0^{\tau_m \wedge t_1} dV_1(P, Q, V) \leqslant KT + \int_0^{\tau_m \wedge t_1} [\sigma(Q-1)V + \sigma(V-1)Q]dB(t).$$

上式两侧同时取期望得

$$E[V_1(P(\tau_m \wedge t_1), Q(\tau_m \wedge t_1), V(\tau_m \wedge t_1)] \leqslant V_1(P(0), Q(0), V(0)) + KT. \tag{4.9}$$

对任意 $m \geqslant m_1$, 定义 $\Omega_m = \{\tau_m \leqslant T\}$, 由 (4.5) 可知

$$P(\Omega_m) \geqslant \varepsilon.$$

对任意 $\omega \in \Omega_m$, $P(\tau_m, \omega), Q(\tau_m, \omega), V(\tau_m, \omega)$ 中至少有一个等于 m 或 $\dfrac{1}{m}$. 则

$$V_1(P(\tau_m), Q(\tau_m), V(\tau_m)) \geqslant (m - 1 - \log m) \wedge \left(\frac{1}{m} - 1 - \log \frac{1}{m} \right).$$

由 (4.9) 可得

$$V_1(P(0), Q(0), V(0)) + KT \geqslant E[I_{\Omega_m} V_1(P(\tau_m), Q(\tau_m), V(\tau_m))]$$
$$\geqslant \varepsilon \left[(m - 1 - \log m) \wedge \left(\frac{1}{m} - 1 - \log \frac{1}{m} \right) \right],$$

其中 I_{Ω_m} 为 Ω_m 的示性函数. 令 $m \to \infty$, 则产生如下矛盾:

$$\infty > V_1(P(0), Q(0), V(0)) + KT = \infty.$$

因此, $\tau_\infty = \infty$ a.s. 定理证毕.

注 4.1 由方程 (4.3), 可得

$$dP(t) \leqslant aP - bP^2 dt.$$

由比较定理可知

$$P(t) \leqslant \begin{cases} \dfrac{a}{b}, & P(0) \leqslant \dfrac{a}{b}, \\ P(0), & P(0) > \dfrac{a}{b}. \end{cases} \tag{4.10}$$

(4.10) 结合 (4.8) 说明区域

$$B = \left\{ (P, Q, V) : 0 \leqslant P \leqslant \frac{a}{b}, Q + V \leqslant \frac{d_1}{f} \right\}$$

在 PQV 空间中是一个正的不变集.

4.1.2 系统 (4.3) 在平衡点 $E_0 = (0, 0, 0)$ 处的稳定性

定理 4.2 设 $(P(t), Q(t), V(t))$ 是系统 (4.3) 的解, 初值 $(P(0), Q(0), V(0)) \in R_+^3$, 则平衡点 E_0 是随机不稳定的.

证明 反证: 若 E_0 是随机稳定的, 则一定存在一个 Ω_0 及 $T > 0$, 使得对任意 $t \geqslant T, \omega \in \Omega_0$, 有

$$P(t) \leqslant \frac{a}{4b}, \quad Q(t) \leqslant \frac{a}{4c}, \quad V(t) \leqslant \frac{a}{4\eta}.$$

由伊藤公式有

$$d \log P(t) = (a - bP(t) - cQ(t) - \eta V(t)) dt$$
$$\geqslant \left(a - \frac{a}{4} - \frac{a}{4} - \frac{a}{4} \right) dt$$
$$= \frac{a}{4} dt.$$

则

$$\log P(t) - \log P(0) \geqslant \frac{a}{4}(t - T).$$

因此

$$\liminf_{t\to\infty}\frac{\log P(t)}{t}\geqslant\frac{a}{4}.$$

上式与

$$P(t)\leqslant\frac{a}{4b}$$

矛盾. 因此平衡点 E_0 是随机不稳定的.

4.1.3　系统 (4.3) 在平衡点 $E_1=\left(\dfrac{a}{b},0,0\right)$ 处的稳定性

E_1 为方程 (4.2) 和 (4.3) 的平衡点, 若 $ae>bd$, 则 E_1 是方程 (4.2) 稳定的平衡点.

定理 4.3　设 $(P(t),Q(t),V(t))$ 是系统 (4.3) 的解, 初值 $(P(0),Q(0),V(0))\in R_+^3$, 若 $ae>bd$, 则平衡点 E_1 是随机渐近稳定的.

证明　设 $U(t)=P(t)-\dfrac{a}{b}$, 可得如下系统

$$\begin{cases}dU(t)=\left(U(t)+\dfrac{a}{b}\right)(-bU(t)-cQ(t)-\eta V(t))dt,\\[2mm]dQ(t)=Q(t)\left(\dfrac{bd-ae}{b}-eU(t)-f(Q(t)+V(t))-\delta V(t)\right)dt-\sigma Q(t)V(t)dB(t),\\[2mm]dV(t)=V(t)\left(-\dfrac{ag}{b}-\delta Q(t)-gU(t)-f(Q(t)+V(t))\right)dt+\sigma Q(t)V(t)dB(t).\end{cases}$$
$$(4.11)$$

显然, 系统 (4.3) 的平衡点 $\left(\dfrac{a}{b},0,0\right)$ 的稳定性等价于系统 (4.11) 零解的稳定性. 定义函数 $V_2:R_+^3\to R_+$ 如下:

$$V_2(x)=\frac{c_1}{2}U^2+\frac{1}{2}Q^2+\frac{c_2}{2}V^2$$
$$:=c_1V_{21}+V_{22}+c_2V_{23},$$

其中 c_1,c_2 为正的常数. 由伊藤公式可得

$$LV_{21}=-aU^2-\frac{ac}{b}UQ-\frac{a\eta}{b}UV-bU^3-cU^2Q-\eta U^2V,$$

$$LV_{22}=-\frac{ae-bd}{b}Q^2-eUQ^2-fQ^2(Q+V)-\delta Q^2V+\frac{\sigma^2}{2}Q^2V^2,$$

$$LV_{23}=-\frac{ag}{b}V^2+\delta QV^2-gUV^2-f(Q+V)V^2+\frac{\sigma^2}{2}Q^2V^2,$$

则

$$LV_2 = -c_1 a U^2 - \frac{ae-bd}{b}Q^2 - c_2 \frac{ag}{b}V^2 - c_1 \frac{ac}{b}UQ - c_1 \frac{a\eta}{b}UV + \hat{a}(U,Q,V),$$

其中

$$
\begin{aligned}
\hat{a}(U,Q,V) &= -c_1(bU^3 + cU^2Q + \eta U^2 V) \\
&\quad - \left[eUQ^2 + fQ^2(Q+V) + \delta Q^2 V - \frac{\sigma^2}{2}Q^2V^2 \right] \\
&\quad + c_2\left[\delta QV^2 - gUV^2 - f(Q+V)V^2 + \frac{\sigma^2}{2}Q^2V^2 \right] \\
&= o(|x(t)|^2),
\end{aligned}
$$

$$x(t) = (U(t),Q(t),V(t)).$$

根据 Young 不等式有

$$
\begin{aligned}
LV_2 &\leqslant -\left(c_1 a - \frac{c_1 ac}{b}\varepsilon \right)U^2 - \left(\frac{ae-bd}{b} - \frac{c_1 ac}{b}\frac{1}{4\varepsilon} \right)Q^2 - c_2\frac{ag}{b}V^2 \\
&\quad - c_1\frac{a\eta}{b}UV + \hat{a}(U,Q,V).
\end{aligned}
$$

设 $c_1 = \frac{2b(ae-bd)}{ac^2} > 0, \varepsilon = \frac{3b}{4c}$, 则

$$LV_2 \leqslant -\frac{ae-bd}{2c^2}U^2 - \frac{ae-bd}{3b}Q^2 - c_2\frac{ag}{b}V^2 - \frac{2\eta(ae-bd)}{c^2}UV + \hat{a}(U,Q,V).$$

同理可得

$$
\begin{aligned}
LV_2 &\leqslant -\left(\frac{ae-bd}{2c^2} - \frac{2\eta(ae-bd)}{c^2}\varepsilon_1 \right)U^2 - \frac{ae-bd}{3b}Q^2 \\
&\quad - \left(c_2\frac{ag}{b} - \frac{2\eta(ae-bd)}{c^2}\frac{1}{4\varepsilon_1} \right)V^2 \\
&\quad + \hat{a}(U,Q,V).
\end{aligned}
$$

设 $\varepsilon_1 = \frac{1}{8\eta}$ 且取 c_2 充分大, 使得

$$c_2\frac{ag}{b} - \frac{2\eta(ae-bd)}{c^2}\frac{1}{4\varepsilon_1} > 0.$$

则 LV_2 在系统 (4.11) 的零解的充分小邻域内是负定的. 根据引理 1.3, 系统 (4.11) 的零解是随机渐近稳定的, 即系统 (4.3) 的平衡点 E_1 是随机渐近稳定的.

4.1.4　系统 (4.3) 在平衡点 $E_2 = \left(0, \dfrac{d}{f}, 0\right)$ 处的稳定性

定理 4.4　假设 $\dfrac{f(f-\delta)}{d} - \dfrac{\sigma^2}{2} > 0, cd > af$, 则平衡点 $E_2 = \left(0, \dfrac{d}{f}, 0\right)$ 是随机渐近稳定的.

证明　令 $Y(t) = Q(t) - \dfrac{d}{f}$, 可得如下系统

$$
\begin{cases}
dP(t) = P(t)\left(\dfrac{af - cd}{f} - bP(t) - cY(t) - \eta V(t)\right)dt, \\[2mm]
dY(t) = \left(Y(t) + \dfrac{d}{f}\right)(-eP(t) - fY(t) - (f+\delta)V(t))dt \\[2mm]
\qquad -\sigma\left(Y(t) + \dfrac{d}{f}\right)V(t)\,dB(t), \\[2mm]
dV(t) = V(t)\left(-\dfrac{(f-\delta)d}{f} - gP(t) - (f-\delta)Y(t) - fV(t)\right)dt \\[2mm]
\qquad +\sigma\left(Y(t) + \dfrac{d}{f}\right)V(t)dB(t).
\end{cases}
\tag{4.12}
$$

则系统 (4.3) 的平衡点 $\left(0, \dfrac{d}{f}, 0\right)$ 的稳定性等价于系统 (4.12) 的零解的稳定性.

定义函数 $V_3 : R_+^3 \to R_+$ 如下:

$$
\begin{aligned}
V_3(y) &= \frac{1}{2}P^2 + \frac{d_1}{2}Y^2 + \frac{d_2}{2}V^2 \\
&:= V_{31} + d_1 V_{32} + d_2 V_{33},
\end{aligned}
$$

其中 c_1, c_2 为正的常数. 由伊藤公式可得

$$
\begin{aligned}
LV_{31} ={}& -\frac{cd - af}{f}P^2 - bP^3 - cP^2Y - \eta P^2 V, \\[2mm]
LV_{32} ={}& -dY^2 + \frac{\sigma^2 d^2}{2f^2}V^2 - \frac{de}{f}PY - \frac{d(f+\delta)}{f}YV - ePY^2 - fY^3 - (f+\delta)Y^2V \\[2mm]
&+ \frac{\sigma^2 d}{f}YV^2 + \frac{\sigma^2}{2}Y^2V^2, \\[2mm]
LV_{33} ={}& -\left(\frac{(f-\delta)d}{f} - \frac{\sigma^2 d^2}{2f^2}\right)V^2 - gPV^2 - (f-\delta)YV^2 - fV^3 \\[2mm]
&+ \frac{\sigma^2 d}{f}YV^2 + \frac{\sigma^2}{2}Y^2V^2.
\end{aligned}
$$

则

$$LV_3 = -\frac{cd-af}{f}P^2 - d_1 dY^2 - \left[d_2 \left(\frac{(f-\delta)d}{f} - \frac{\sigma^2 d^2}{2f^2} \right) - d_1 \frac{\sigma^2 d^2}{2f^2} \right] V^2$$
$$- \frac{d_1 de}{f} PY - \frac{d_1 d(f+\delta)}{f} YV + \hat{b}(U, Q, V),$$

其中

$$\hat{b}(P, Y, V) = -bP^3 - cP^2 Y - \eta P^2 V - d_1 \left(ePY^2 + fY^3 + (f+\delta)Y^2 V - \frac{\sigma^2 d}{f} YV^2 \right.$$
$$\left. - \frac{\sigma^2}{2} Y^2 V^2 \right) - d_2 \left(gPV^2 + (f-\delta)YV^2 - fV^3 - \frac{\sigma^2 d}{f} YV^2 - \frac{\sigma^2}{2} Y^2 V^2 \right)$$
$$= o(|y(t)|^2),$$

$y(t) = (P(t), Y(t), V(t))$. 根据 Young 不等式有

$$LV_3 \leqslant -\left(\frac{cd-af}{f} - \frac{d_1 de\varepsilon}{f} \right) P^2 - \left(d_1 d - \frac{d_1 de}{4f\varepsilon} \right) Y^2$$
$$- \left[d_2 \left(\frac{(f-\delta)d}{f} - \frac{\sigma^2 d^2}{2f^2} \right) - d_1 \frac{\sigma^2 d^2}{2f^2} \right] V^2$$
$$- \frac{d_1 d(f+\delta)}{f} YV + \hat{b}(U, Q, V),$$

设

$$d_1 = \frac{2f(cd-af)}{de^2} > 0, \quad \varepsilon = \frac{3e}{8f},$$

则

$$LV_3 \leqslant -\frac{cd-af}{4f}P^2 - \frac{2f(cd-af)}{3e^2}Y^2 - \left[d_2 \left(\frac{(f-\delta)d}{f} - \frac{\sigma^2 d^2}{2f^2} \right) - \frac{\sigma^2 d(cd-af)}{fe^2} \right] V^2$$
$$- \frac{2(f+\delta)(cd-af)}{e^2} YV + \hat{b}(U, Q, V).$$

同理可得

$$LV_3 \leqslant -\frac{cd-af}{4f}P^2 - \left(\frac{2f(cd-af)}{3e^2} - \frac{2\varepsilon_1(f+\delta)(cd-af)}{e^2} \right) Y^2$$
$$- \left\{ d_2 \left[\frac{(f-\delta)d}{f} - \frac{\sigma^2 d^2}{2f^2} \right] - \frac{\sigma^2 d(cd-af)}{fe^2} - \frac{(f+\delta)(cd-af)}{2e^2\varepsilon_1} \right\} V^2$$
$$+ \hat{b}(U, Q, V).$$

设 $\varepsilon_1 = \dfrac{f}{6(f+\delta)}$ 且取 d_2 充分大, 使得

$$d_2 \left[\frac{(f-\delta)d}{f} - \frac{\sigma^2 d^2}{2f^2} \right] - \frac{\sigma^2 d(cd-af)}{fc^2} - \frac{(f+\delta)(cd-af)}{2e^2\varepsilon_1} > 0.$$

则 LV_3 在系统 (4.12) 零解的充分小邻域内是负定的. 根据引理 1.3, 系统 (4.11) 的零解是随机渐近稳定的, 即系统 (4.3) 的平衡点 E_2 是随机渐近稳定的.

4.1.5　系统 (4.3) 在平衡点 $E_3 = \left(\dfrac{af-cd}{bf-ce}, \dfrac{bd-ae}{bf-ce}, 0 \right)$ 处的稳定性

设 $\bar{P} = \dfrac{af-cd}{bf-ce}, \bar{Q} = \dfrac{bd-ae}{bf-ce}$. 则有如下定理成立:

定理 4.5　假设 $g\bar{P} - (\delta-f)\bar{Q} - \dfrac{\sigma^2}{2}\bar{Q}^2 > 0, bf > ce, af > cd, bd > ae$, 则平衡点 E_3 是随机渐近稳定的.

证明　令 $X(t) = P(t) - \bar{P}, Y(t) = Q(t) - \bar{Q}$, 则有如下随机系统:

$$
\begin{cases}
dX(t) = (X(t)+\bar{P})(-bX(t)-cY(t)-\eta V(t))dt, \\
dY(t) = (Y(t)+\bar{Q})(-eX(t)-fY(t)-(f+\delta)V(t)dt - \sigma(Y(t)+\bar{Q})V(t)dB(t), \\
dV(t) = V(t)[(\delta-f)\bar{Q} - g\bar{P} - gX(t) - (f-\delta)Y(t) - fV(t)]dt \\
\qquad\quad + \sigma(Y(t)+\bar{Q})V(t)dB(t).
\end{cases}
$$

$$(4.13)$$

则系统 (4.3) 平衡点 E_3 的稳定性等价于系统 (4.13) 零解的稳定性. 定义函数 $V_5 : R_+^3 \to R_+$ 如下:

$$V_5(z) = \frac{1}{2}X^2 + \frac{h_1}{2}Y^2 + \frac{h_2}{2}V^2$$
$$:= V_{51} + d_1 V_{52} + d_2 V_{53},$$

其中 c_1, c_2 为正的常数. 由伊藤公式可得

$$LV_{51} = -b\bar{P}X^2 - c\bar{P}XY - \eta\bar{P}XV - bX^3 - cX^2Y - \eta X^2V,$$

$$LV_{52} = -e\bar{Q}XY - f\bar{Q}Y^2 - (f+\delta)\bar{Q}YV + \frac{\sigma^2}{2}\bar{Q}^2V^2 - eXY^2 - fY^3 - (f+\delta)Y^2V$$
$$+ \sigma^2\bar{Q}YV^2 + \frac{\sigma^2}{2}Y^2V^2,$$

$$LV_{53} = -\left[g\bar{P} - (\delta-f)\bar{Q} - \frac{\sigma^2}{2}\bar{Q}^2 \right]V^2 - gXV^2 - (f-\delta)YV^2 - fV^3$$
$$+ \sigma^2\bar{Q}YV^2 + \frac{\sigma^2}{2}Y^2V^2.$$

则

$$LV_5 = -b\bar{P}X^2 - (c\bar{P}+h_1 e\bar{Q})XY - \eta\bar{P}XV - h_1 f\bar{Q}Y^2 - h_1(f+\delta)\bar{Q}YV$$
$$- \left\{ h_2 \left[g\bar{P} - (\delta-f)\bar{Q} - \frac{\sigma^2}{2}\bar{Q}^2 \right] - h_1 \frac{\sigma^2}{2}\bar{Q}^2 \right\}V^2 + \hat{c}(U,Q,V),$$

其中

$$\hat{c}(P, Y, V) = -bX^3 - cX^2Y - \eta X^2 V - eXY^2 - fY^3 - (f+\delta)Y^2 V - gXV^2$$
$$- (f-\delta)YV^2 - fV^3 + 2\sigma^2 \bar{Q}YV^2 + \sigma^2 Y^2 V^2$$
$$= o(|z(t)|^2),$$

$z(t) = (P(t), Y(t), V(t))$. 根据 Young 不等式有

$$LV_5 \leqslant [-b\bar{P} - (c\bar{P} + h_1 e\bar{Q})\varepsilon_3]X^2 - \left[h_1 f\bar{Q} - \frac{c\bar{P} + h_1 e\bar{Q}}{4\varepsilon_3} \right] Y^2 - \eta \bar{P}XV$$
$$- h_1(f+\delta)\bar{Q}YV - \left\{ h_2 \left[g\bar{P} - (\delta-f)\bar{Q} - \frac{\sigma^2}{2}\bar{Q}^2 \right] - h_1 \frac{\sigma^2}{2}\bar{Q}^2 \right\} V^2$$
$$+ \hat{c}(U, Q, V).$$

设 $h_1 = \dfrac{(2bf - ce)\bar{P}}{e^2 \bar{Q}}$, $\varepsilon_3 = \dfrac{3bef - ce^2}{4f(2bf-ce)}$. 令 $M_1 = \dfrac{b(bf-ce)\bar{P}}{2(2bf-ce)}$, $N_1 = \dfrac{f(bf-ce)}{e(3bef-ce^2)\bar{Q}}$, 显然

$$M_1 > 0, \quad N_1 > 0.$$

则有

$$LV_5 \leqslant -M_1 X^2 - N_1 Y^2 - \left\{ h_2 \left[g\bar{P} - (\delta-f)\bar{Q} - \frac{\sigma^2}{2}\bar{Q}^2 \right] - \frac{(2bf-ce)\bar{P}\bar{Q}\sigma^2}{2e^2} \right\} V^2$$
$$- \eta \bar{P}XV - \frac{(2bf-ce)(f+\delta)\bar{P}}{2e^2}YV + \hat{c}(U, Q, V).$$

同理, 设 $\varepsilon_4 = \dfrac{M_1}{2\eta\bar{P}}$, $\varepsilon_5 = \dfrac{N_1 e^2}{(2bf-ce)(f+\delta)\bar{P}}$. 则有

$$LV_5 \leqslant -\frac{M_1}{2}X^2 - \frac{N_1}{2}Y^2 - \left\{ h_2 \left[g\bar{P} - (\delta-f)\bar{Q} - \frac{\sigma^2}{2}\bar{Q}^2 \right] \right.$$
$$\left. - \frac{(2bf-ce)\bar{P}\bar{Q}\sigma^2}{2e^2} - \frac{\eta\bar{P}}{4\varepsilon_4} - \frac{1}{4\varepsilon_5}\frac{(2bf-ce)(f+\delta)\bar{P}}{2e^2} \right\} V^2 + \hat{c}(U, Q, V).$$

取 h_2 充分大, 使得

$$h_2 \left[g\bar{P} - (\delta-f)\bar{Q} - \frac{\sigma^2}{2}\bar{Q}^2 \right] - \frac{(2bf-ce)\bar{P}\bar{Q}\sigma^2}{2e^2} - \frac{\eta\bar{P}}{4\varepsilon_4} - \frac{1}{4\varepsilon_5}\frac{(2bf-ce)(f+\delta)\bar{P}}{2e^2} > 0.$$

则 LV_5 在系统 (4.13) 零解的充分小邻域内是负定的, 根据引理 1.3, 系统 (4.13) 的零解是随机渐近稳定的, 即系统 (4.3) 的平衡点 F_3 是随机渐近稳定的.

4.1.6　系统 (4.3) 在 $E^* = (\hat{P}, \hat{Q}, \hat{V})$ 附近的动力学行为

$E^* = (\hat{P}, \hat{Q}, \hat{V})$ 是系统 (4.2) 的平衡点, 但不是随机系统 (4.3) 的平衡点, 所以不能按照前面的方法研究其随机稳定性. 本节将利用 Lyapunov 分析的方法研究系统 (4.3) 的解在 E^* 附近的渐近行为.

定理 4.6　　假设下列条件成立:

(1) $[c + (\delta - f)e]^2 < 4b[(\delta - f)f - (\delta + f)\hat{V}\sigma^2]$;

(2) $\frac{1}{2}[\eta + (\delta + f)g][(\delta - f)f - (\delta + f)\hat{V}\sigma^2] < [(\delta + f)f - (\delta - f)\hat{Q}\sigma^2]\Delta$,

其中 $\Delta = b[(\delta - f)f - (\delta + f)\hat{V}\sigma^2] - \frac{1}{4}[c + (\delta - f)e]^2$, 则系统 (4.3) 的解具有如下性质:

$$\limsup_{t \to \infty} \frac{1}{t} \int_0^t [\lambda_1(P - \hat{P})^2 + \lambda_2(Q - \hat{Q})^2 + \lambda_3(V - \hat{V})^2]$$

$$\leqslant (\delta - f)\sigma^2 \hat{Q}\hat{V}^2 + (\delta + f)\sigma^2 \hat{V}\hat{Q}^2 \text{ a.s.},$$

其中 $\lambda_1, \lambda_2, \lambda_3$ 为正常数.

证明　　定义函数 V_4: $R_+^3 \to R_+$ 如下:

$$V_4(P, Q, V) = P - \hat{P} - \hat{P}\log\frac{P}{\hat{P}} + c_3\left(Q - \hat{Q} - \hat{Q}\log\frac{Q}{\hat{Q}}\right) + c_4\left(V - \hat{V} - \hat{V}\log\frac{V}{\hat{V}}\right),$$

其中 c_3, c_4 为正常数. 由伊藤公式可得

$$\begin{aligned}
LV_4 = &-b(P - \hat{P})^2 - c_3 f(Q - \hat{Q})^2 - c_4 f(V - \hat{V})^2 - (c + c_3 e)(P - \hat{P})(Q - \hat{Q}) \\
&- (\eta + c_4 g)(P - \hat{P})(V - \hat{V}) - [c_3(f + \delta) - c_4(\delta - f)](Q - \hat{Q})(V - \hat{V}) \\
&+ \frac{c_3}{2}\hat{Q}\sigma^2 V^2 + \frac{c_4}{2}\hat{V}\sigma^2 Q^2 \\
= &-b(P - \hat{P})^2 - c_3 f(Q - \hat{Q})^2 - c_4 f(V - \hat{V})^2 - (c + c_3 e)(P - \hat{P})(Q - \hat{Q}) \\
&- (\eta + c_4 g)(P - \hat{P})(V - \hat{V}) - [c_3(f + \delta) - c_4(\delta - f)](Q - \hat{Q})(V - \hat{V}) \\
&+ \frac{c_3}{2}\hat{Q}\sigma^2(V - \hat{V} + \hat{V})^2 + \frac{c_4}{2}\hat{V}\sigma^2(Q - \hat{Q} + \hat{Q})^2.
\end{aligned}$$

设 $c_3 = \delta - f, c_4 = \delta + f$, 利用不等式 $(a + b)^2 \leqslant 2(a^2 + b^2)$ 可得

$$\begin{aligned}
LV_4 \leqslant &-b(P - \hat{P})^2 - [(\delta - f)f - (\delta + f)\hat{V}\sigma^2](Q - \hat{Q})^2 \\
&- [(\delta + f)f - (\delta - f)\hat{Q}\sigma^2](V - \hat{V})^2 - [\eta + (\delta + f)g](P - \hat{P})(V - \hat{V}) \\
&- [c + (\delta - f)e](P - \hat{P})(Q - \hat{Q}) + (\delta - f)\sigma^2 \hat{Q}\hat{V}^2 + (\delta + f)\sigma^2 \hat{V}\hat{Q}^2.
\end{aligned}$$

令

$$A = \begin{pmatrix} b & \frac{1}{2}[c+(\delta-f)e] & \frac{1}{2}[\eta+(\delta+f)g] \\ \frac{1}{2}[c+(\delta-f)e] & [(\delta-f)f-(\delta+f)\hat{V}\sigma^2] & 0 \\ \frac{1}{2}[\eta+(\delta+f)g] & 0 & (\delta+f)f-(\delta-f)\hat{Q}\sigma^2 \end{pmatrix}.$$

由 Sylvester 准则可知, 若如下条件满足, 则矩阵 A 是正定的:

$$[c+(\delta-f)e]^2 < 4b[(\delta-f)f-(\delta+f)\hat{V}\sigma^2],$$

$$\frac{1}{2}[\eta+(\delta+f)g][(\delta-f)f-(\delta+f)\hat{V}\sigma^2] < [(\delta+f)f-(\delta-f)\hat{Q}\sigma^2]\Delta,$$

其中 $\Delta = b[(\delta-f)f-(\delta+f)\hat{V}\sigma^2] - \frac{1}{4}[c+(\delta-f)e]^2$. 令 $\lambda_1, \lambda_2, \lambda_3$ 为矩阵 A 的特征多项式的根. 则

$$\begin{aligned} LV_4 \leqslant & -\lambda_1(P-\hat{P})^2 - \lambda_2(Q-\hat{Q})^2 - \lambda_3(V-\hat{V})^2 \\ & + (\delta-f)\sigma^2\hat{Q}\hat{V}^2 + (\delta+f)\sigma^2\hat{V}\hat{Q}^2 \\ := & G(t), \end{aligned}$$

因此,

$$dV_4(t) \leqslant G(t)dt - \sigma(Q-\hat{Q})VdB(t) + \sigma(V-\hat{V})QdB(t).$$

上式两端从 0 到 t 积分得

$$V_4(t) - V_4(0) \leqslant \int_0^t G(s)ds + \int_0^t [\sigma(V-\hat{V})Q - \sigma(Q-\hat{Q})V]dB(s). \tag{4.14}$$

令 $M(t) = \int_0^t [\sigma(V-\hat{V})Q - \sigma(Q-\hat{Q})V]dB(s)$, 则 $M(t)$ 为一个连续的局部鞅, 满足 $M(0) = 0$, 且

$$\limsup_{t\to\infty} \frac{\langle M, M \rangle_t}{t} \leqslant \limsup_{t\to\infty} \frac{\sigma^2(\hat{Q}^2 + \hat{V}^2)t}{t} < \infty.$$

由强大数定律可得

$$\lim_{t\to\infty} \frac{M(t)}{t} = 0 \text{ a.s.}$$

结合 (4.14) 有

$$\liminf_{t\to\infty} \frac{\int_0^t G(s)ds}{t} \geqslant 0 \text{ a.s.}$$

因此,

$$\limsup_{t\to\infty}\frac{1}{t}\int_0^t[\lambda_1(P-\hat{P})^2+\lambda_2(Q-\hat{Q})^2+\lambda_3(V-\hat{V})^2]ds$$
$$\leqslant(\delta-f)\sigma^2\hat{Q}\hat{V}^2+(\delta+f)\sigma^2\hat{V}\hat{Q}^2\ \text{a.s.}$$

定义 4.1 若下列条件成立:

$$\liminf_{t\to\infty}\frac{1}{t}\int_0^t P(s)ds>0,\quad \liminf_{t\to\infty}\frac{1}{t}\int_0^t Q(s)ds>0,\quad \liminf_{t\to\infty}\frac{1}{t}\int_0^t V(s)ds>0,$$

则称系统 (4.3) 在时间均值意义下是持久的.

定理 4.7 在定理 4.6 的条件下, 如果 $\min\{\lambda_1\hat{P}^2,\lambda_2\hat{Q}^2,\lambda_3\hat{V}^2\}>(\delta-f)\sigma^2\hat{Q}\hat{V}^2+(\delta+f)\sigma^2\hat{V}\hat{Q}^2$, 则系统 (4.3) 在时间均值意义下是持久的.

证明 由定理 4.6 可得

$$\limsup_{t\to\infty}\frac{1}{t}\int_0^t\lambda_1(P-\hat{P})^2\leqslant(\delta-f)\sigma^2\hat{Q}\hat{V}^2+(\delta+f)\sigma^2\hat{V}\hat{Q}^2\ \text{a.s.} \tag{4.15}$$

此外

$$2\hat{P}^2-2\hat{P}P=2\hat{P}(\hat{P}-P)\leqslant(\hat{P})^2+(\hat{P}-P)^2,$$

即

$$P\geqslant\frac{\hat{P}}{2}-\frac{(\hat{P}-P)^2}{2\hat{P}}.$$

结合 (4.15) 可得

$$\liminf_{t\to\infty}\frac{1}{t}\int_0^t P(s)ds\geqslant\frac{\hat{P}}{2}-\limsup_{t\to\infty}\frac{1}{t}\int_0^t\frac{(\hat{P}-P)^2}{2\hat{P}}ds$$
$$\geqslant\frac{\hat{P}}{2}-\frac{1}{2\lambda_1\hat{P}}[(\delta-f)\sigma^2\hat{Q}\hat{V}^2+(\delta+f)\sigma^2\hat{V}\hat{Q}^2]>0\ \text{a.s.}$$

同理可得

$$\liminf_{t\to\infty}\frac{1}{t}\int_0^t Q(s)ds\geqslant\frac{\hat{Q}}{2}-\frac{1}{2\lambda_2\hat{Q}}[(\delta-f)\sigma^2\hat{Q}\hat{V}^2+(\delta+f)\sigma^2\hat{V}\hat{Q}^2]>0\ \text{a.s.}$$

及

$$\liminf_{t\to\infty}\frac{1}{t}\int_0^t V(s)ds\geqslant\frac{\hat{Q}}{2}-\frac{1}{2\lambda_3\hat{V}}[(\delta-f)\sigma^2\hat{Q}\hat{V}^2+(\delta+f)\sigma^2\hat{V}\hat{Q}^2]>0\ \text{a.s.}$$

由定义 (4.1) 可知, 系统 (4.3) 在时间均值意义下是持久的.

4.2　线性扰动的具有流行病的随机竞争种群系统

4.2.1　系统 (4.4) 全局正解的存在唯一性

定理 4.8　设 $(P(t),Q(t),V(t))$ 为系统 (4.4) 的解, 则对于任意给定的初值 $(P(0),Q(0),V(0)) \in R_+^3$, 系统存在唯一的正解 $(P(t),Q(t),V(t)) \in R_+^3$, 并且解以概率 1 存在于 R_+^3 内.

证明　对于任意给定的初值 $(P(0),Q(0),V(0)) \in R_+^3$, 系统 (4.3) 存在唯一局部解 $(P(t),Q(t),V(t))$, $t \in [0,\tau_e)$, 其中 τ_e 是爆破时间 [61, 62]. 设正数 m_0 足够大, 使得 $P(0),Q(0),V(0)$ 都在区间 $\left[\dfrac{1}{m_0}, m_0\right]$ 中. 对于任意整数 m, 其中 $m \geqslant m_0$, 定义停时

$$\tau_m = \inf\left\{ t \in [0,\tau_e) : \min\{P(t),Q(t),V(t)\} \leqslant \frac{1}{m} \text{ 或 } \max\{P(t),Q(t),V(t)\} \geqslant m \right\},$$

设 $\inf \varnothing = \infty$. 显然 τ_m 关于 m 是单调递增的. 令 $\tau_\infty = \lim\limits_{m\to\infty} \tau_m$, 则 $\tau_\infty \leqslant \tau_e$. 显然 若 $\tau_\infty = \infty$ a.s., 则 $\tau_e = \infty$ a.s. 因此为证明解是全局的, 只需证

$$\tau_\infty = \infty \quad \text{a.s.}$$

如果上式不成立, 则存在一对常数 $T > 0$ 和 $\varepsilon \in (0,1)$, 使得

$$P\{\tau_\infty \leqslant T\} > \varepsilon.$$

从而存在整数 $m_1 \geqslant m_0$, 使得对所有的 $m \geqslant m_1$ 有

$$P\{\tau_m \leqslant T\} \geqslant \varepsilon. \tag{4.16}$$

定义正定函数如下:

$$V_1(P,Q,V) = (P - 1 - \log P) + (Q - 1 - \log Q) + (V - 1 - \log V).$$

根据伊藤公式得

$$dV_1(P,Q,V)$$
$$= LV_1(P,Q,V)dt + \sigma_1(P-1)dB_1(t) + \sigma_2(Q-1)dB_2(t) + \sigma_3(V-1)dB_3(t),$$

其中

$$LV_1(P,Q,V) = (P-1)(a - bP - cQ - \eta V) + (Q-1)[d - eP - f(Q+V) - \delta V]$$

$$+(V-1)[\delta Q - gP - f(Q+V)] + \frac{1}{2}\sigma_1^2 + \frac{1}{2}\sigma_2^2 + \frac{1}{2}\sigma_3^2$$

$$\leqslant -bP^2 + (a+b+e+g)P - fQ^2 + (c+d+2f)Q - fV^2$$

$$+(\eta+\delta+2f)V + \frac{1}{2}\sigma_1^2 + \frac{1}{2}\sigma_2^2 + \frac{1}{2}\sigma_3^2$$

$$\leqslant K, \tag{4.17}$$

且 K 为常数. 对任意的 $0 \leqslant t_1 \leqslant T$ 有

$$\int_0^{\tau_m \wedge t_1} dV_1(P,Q,V) \leqslant KT + \int_0^{\tau_m \wedge t_1} \sigma_1(P-1)dB_1(t)$$

$$+ \int_0^{\tau_m \wedge t_1} \sigma_2(Q-1)dB_2(t) + \int_0^{\tau_m \wedge t_1} \sigma_3(V-1)dB_3(t).$$

上式两侧同时取期望得

$$E[V_1(P(\tau_m \wedge t_1), Q(\tau_m \wedge t_1), V(\tau_m \wedge t_1))] \leqslant V(P(0), Q(0), V(0)) + KT. \tag{4.18}$$

对任意 $m \geqslant m_1$, 定义 $\Omega_m = \{\tau_m \leqslant T\}$, 由 (4.16) 可知

$$P(\Omega_m) \geqslant \varepsilon.$$

对任意 $\omega \in \Omega_m$, $P(\tau_m, \omega)$, $Q(\tau_m, \omega)$, $V(\tau_m, \omega)$ 中至少有一个等于 m 或 $\dfrac{1}{m}$. 则

$$V_1(P(\tau_m), Q(\tau_m), V(\tau_m)) \geqslant (m-1-\log m) \wedge \left(\frac{1}{m} - 1 - \log \frac{1}{m} \right).$$

由 (4.18) 可得

$$V_1(P(0), Q(0), V(0)) + KT \geqslant E[I_{\Omega_m} V_1(P(\tau_m), Q(\tau_m), V(\tau_m))]$$

$$\geqslant \varepsilon \left[(m-1-\log m) \wedge \left(\frac{1}{m} - 1 - \log \frac{1}{m} \right) \right],$$

其中 I_{Ω_m} 为 Ω_m 的示性函数. 令 $m \to \infty$, 则产生如下矛盾

$$\infty > V_1(P(0), Q(0), V(0)) + KT = \infty.$$

因此可得 $\tau_\infty = \infty$ a.s. 定理证毕.

4.2.2 系统 (4.4) 的遍历性

系统 (4.4) 可写成如下的形式:

$$d\begin{pmatrix} P(t) \\ Q(t) \\ V(t) \end{pmatrix} = \begin{pmatrix} P(t)(a - bP(t) - cQ(t) - \eta V(t)) \\ Q(t)(d - eP(t) - f(Q(t) + V(t)) - \delta V(t)) \\ V(t)(\delta Q(t) - gP(t) - f(Q(t) + V(t))) \end{pmatrix} dt$$
$$+ \begin{pmatrix} \sigma_1 P(t) \\ 0 \\ 0 \end{pmatrix} dB_1(t) + \begin{pmatrix} 0 \\ \sigma_2 Q(t) \\ 0 \end{pmatrix} dB_2(t) + \begin{pmatrix} 0 \\ 0 \\ \sigma_3 V(t) \end{pmatrix} dB_3(t),$$

对应的扩散矩阵为

$$\Lambda = \text{diag}(\sigma_1^2 P^2, \sigma_2^2 Q^2, \sigma_3^2 V^2).$$

定理 4.9 *如果下列条件成立:*

(1) $\Delta > 0$;

(2) $\dfrac{1}{2}[\eta + (\delta + f)g](\delta - f) < (\delta + f)\Delta$;

(3) $\dfrac{1}{2}\hat{P}\sigma_1^2 + \dfrac{\delta - f}{2}\hat{Q}\sigma_2^2 + \dfrac{\delta + f}{2}\hat{V}\sigma_3^2 < \min\{\lambda\hat{P}^2, \lambda\hat{Q}^2, \lambda\hat{V}^2\}$,

其中 $\Delta = b(\delta - f)f - \dfrac{1}{4}[c + (\delta - f)e]^2$, λ 为正常数. 则系统 (4.4) 存在平稳分布, 且是遍历的.

证明 定义函数 $V_1: R_+^3 \to R_+$

$$V_1(P, Q, V) = \left(P - \hat{P} - \hat{P}\log\dfrac{P}{\hat{P}}\right) + c_1\left(Q - \hat{Q} - \hat{Q}\log\dfrac{Q}{\hat{Q}}\right) + c_2\left(V - \hat{V} - \hat{V}\log\dfrac{V}{\hat{V}}\right).$$

其中 c_1, c_2 为正常数. 由伊藤公式可得

$$LV_1 = -b(P - \hat{P})^2 - c_1 f(Q - \hat{Q})^2 - c_2 f(V - \hat{V})^2 - (c + c_1 e)(P - \hat{P})(Q - \hat{Q})$$
$$- (\eta + c_2 g)(P - \hat{P})(V - \hat{V}) - [c_1(f + \delta) - c_2(\delta - f)](Q - \hat{Q})(V - \hat{V})$$
$$+ \dfrac{1}{2}\hat{P}\sigma_1^2 + \dfrac{c_1}{2}\hat{Q}\sigma_2^2 + \dfrac{c_2}{2}\hat{V}\sigma_3^2.$$

取 $c_1 = \delta - f, c_2 = \delta + f$, 则

$$LV_1 = -b(P - \hat{P})^2 - c_1 f(Q - \hat{Q})^2 - c_2 f(V - \hat{V})^2 - (c + c_1 e)(P - \hat{P})(Q - \hat{Q})$$
$$- (\eta + c_2 g)(P - \hat{P})(V - \hat{V}) + \dfrac{1}{2}\hat{P}\sigma_1^2 + \dfrac{c_1}{2}\hat{Q}\sigma_2^2 + \dfrac{c_2}{2}\hat{V}\sigma_3^2.$$

令

$$A = \begin{pmatrix} b & \frac{1}{2}[c + (\delta - f)e] & \frac{1}{2}[\eta + (\delta + f)g] \\ \frac{1}{2}[c + (\delta - f)e] & (\delta - f)f & 0 \\ \frac{1}{2}[\eta + (\delta + f)g] & 0 & (\delta + f)f \end{pmatrix}.$$

由 Sylvester 准则可知, 若如下条件满足, 则矩阵 A 为正定的:

$$[c + (\delta - f)e]^2 < 4b(\delta - f)f,$$

$$\frac{1}{2}[\eta + (\delta + f)g](\delta - f) < (\delta + f)\Delta,$$

其中 $\Delta = b(\delta - f)f - \frac{1}{4}[c + (\delta - f)e]^2$. 令 λ 为矩阵 A 的特征多项式的最小根. 则

$$\begin{aligned} LV_1 \leqslant &-\lambda(P - \hat{P})^2 - \lambda(Q - \hat{Q})^2 - \lambda(V - \hat{V})^2 \\ &+ \frac{1}{2}\hat{P}\sigma_1^2 + \frac{\delta - f}{2}\hat{Q}\sigma_2^2 + \frac{\delta + f}{2}\hat{V}\sigma_3^2. \end{aligned} \tag{4.19}$$

当 $\frac{1}{2}\hat{P}\sigma_1^2 + \frac{\delta - f}{2}\hat{Q}\sigma_2^2 + \frac{\delta + f}{2}\hat{V}\sigma_3^2 < \min\{\lambda\hat{P}^2, \lambda\hat{Q}^2, \lambda\hat{V}^2\}$ 时, 椭球体

$$-\lambda(P - \hat{P})^2 - \lambda(Q - \hat{Q})^2 - \lambda(V - \hat{V})^2 + \frac{1}{2}\hat{P}\sigma_1^2 + \frac{\delta - f}{2}\hat{Q}\sigma_2^2 + \frac{\delta + f}{2}\hat{V}\sigma_3^2 = 0$$

全部位于第一卦限, 取 U 为上述椭球体的邻域并且满足 $\bar{U} \subseteq R_+^3$, 则对任意的 $(P, Q, V) \in R_+^3 \setminus U$ 有

$$LV \leqslant -M,$$

其中 M 为正常数. 因此引理 1.6 中的条件 (A2) 成立.

另外, 存在

$$M' = \min\{\sigma_1^2 P^2, \sigma_2^2 Q^2, \sigma_3^2 V^2, (P, Q, V) \in \overline{U}\} > 0,$$

使得

$$\sum_{i,j=1}^{3} a_{ij}(x, y)\xi_i\xi_j = \sigma_1^2 P^2 \xi_1^2 + \sigma_2^2 Q^2 \xi_2^2 + \sigma_3^2 V^2 \xi_3^2 \geqslant M' \mid \xi \mid^2,$$

则引理 1.6 中条件 (A1) 也成立. 根据引理 1.6, 系统 (4.4) 存在平稳分布, 且具有遍历性. 定理证毕.

由 (4.19) 可得

$$\begin{aligned} dV \leqslant &\left[-\lambda(P - \hat{P})^2 - \lambda(Q - \hat{Q})^2 - \lambda(V - \hat{V})^2 \right. \\ &\left. + \frac{1}{2}\hat{P}\sigma_1^2 + \frac{\delta - f}{2}\hat{Q}\sigma_2^2 + \frac{\delta + f}{2}\hat{V}\sigma_3^2\right] dt \\ &+ \sigma_1(P - \hat{P})dB_1(t) + \sigma_2(Q - \hat{Q})dB_2(t) + \sigma_3(V - \hat{V})dB_3(t). \end{aligned}$$

两端同时从 0 到 t 积分, 则有

$$
\begin{aligned}
V(t) - V(0) \leqslant &-\lambda \int_0^t (P - \hat{P})^2 ds - \lambda \int_0^t (Q - \hat{Q})^2 ds - \lambda \int_0^t (V - \hat{V})^2 ds \\
&+ \sigma_1 \int_0^t (P - \hat{P}) dB_1(s) + \sigma_2 \int_0^t (Q - \hat{Q}) dB_2(s) \\
&+ \sigma_3 \int_0^t (V - \hat{V}) dB_3(s) + \left(\frac{1}{2} \hat{P} \sigma_1^2 + \frac{\delta - f}{2} \hat{Q} \sigma_2^2 + \frac{\delta + f}{2} \hat{V} \sigma_3^2 \right) t.
\end{aligned}
$$

上式两端同时取期望可得

$$
\begin{aligned}
&\limsup_{t \to \infty} \frac{\lambda}{t} \int_0^t E[(P - \hat{P})^2 + (Q - \hat{Q})^2 + (V - \hat{V})^2] ds \\
&\leqslant \frac{1}{2} \hat{P} \sigma_1^2 + \frac{\delta - f}{2} \hat{Q} \sigma_2^2 + \frac{\delta + f}{2} \hat{V} \sigma_3^2.
\end{aligned}
$$

则有下面定理.

定理 4.10 假设下列条件成立:

(1) $\Delta > 0$;

(2) $\frac{1}{2}[\eta + (\delta + f)g](\delta - f) < (\delta + f)\Delta$,

其中 $\Delta = b(\delta - f)f - \frac{1}{4}[c + (\delta - f)e]^2$, λ 为正常数, 在定理证明中定义, 则系统 (4.4) 的解具有如下性质:

$$
\begin{aligned}
&\limsup_{t \to \infty} \frac{\lambda}{t} \int_0^t E[(P - \hat{P})^2 + (Q - \hat{Q})^2 + (V - \hat{V})^2] ds \\
&\leqslant \frac{1}{2} \hat{P} \sigma_1^2 + \frac{\delta - f}{2} \hat{Q} \sigma_2^2 + \frac{\delta + f}{2} \hat{V} \sigma_3^2 \text{ a.s.}
\end{aligned} \tag{4.20}
$$

由遍历性可得, 对任意的 $m > 0$ 有

$$
\lim_{t \to \infty} \frac{1}{t} \int_0^t (P^2(s) \wedge m) ds = \int_{R_+^3} (z_1^2 \wedge m) \mu(dz_1, dz_2, dz_3) \text{ a.s.} \tag{4.21}
$$

由控制收敛定理及 (4.20) 可得

$$
E \left(\lim_{t \to \infty} \frac{1}{t} \int_0^t (P^2(s) \wedge m) ds \right) = \lim_{t \to \infty} \frac{1}{t} \int_0^t E(P^2(s) \wedge m) ds < \infty.
$$

利用上式及 (4.21) 可得

$$
\int_{R_+^3} (z_1^2 \wedge m) \mu(dz_1, dz_2, dz_3) < \infty \text{ a.s.}
$$

因此, 由遍历性可得

$$\lim_{t\to\infty}\frac{1}{t}\int_0^t P(s)ds = \int_{R_+^3} z_1\mu(dz_1,dz_2,dz_3) \quad \text{a.s.} \tag{4.22}$$

同理可得

$$\lim_{t\to\infty}\frac{1}{t}\int_0^t Q(s)ds = \int_{R_+^3} z_2\mu(dz_1,dz_2,dz_3) \quad \text{a.s.} \tag{4.23}$$

$$\lim_{t\to\infty}\frac{1}{t}\int_0^t V(s)ds = \int_{R_+^3} z_3\mu(dz_1,dz_2,dz_3) \quad \text{a.s.} \tag{4.24}$$

系统 (4.4) 的第一个方程用伊藤公式求导可得

$$d\log P(t) = \left(a - \frac{\sigma_1^2}{2}\right) - bP(t) - cQ(t) - \eta V(t) + \sigma_1 dB_1(t).$$

则

$$\frac{\log P(t)}{t} = \left(a - \frac{\sigma_1^2}{2}\right) - b\frac{1}{t}\int_0^t P(s)ds - c\frac{1}{t}\int_0^t Q(s)ds - \eta\frac{1}{t}\int_0^t V(s)ds + \sigma_1\frac{B_1(t)}{t}.$$

由 (4.22)~(4.24) 可得

$$\lim_{t\to\infty}\frac{\log P(t)}{t} = \left(a - \frac{\sigma_1^2}{2}\right) - b\int_{R_+^3} z_1\mu(dz_1,dz_2,dz_3) - c\int_{R_+^3} z_2\mu(dz_1,dz_2,dz_3)$$

$$- \eta\int_{R_+^3} z_3\mu(dz_1,dz_2,dz_3)$$

$$:= a_1.$$

下面证明 $a_1 = 0$ a.s. 若此式不成立, 则 $a_1 \neq 0$. 若 $a_1 > 0$, 则存在一个 $T = T(\omega)$, 当 $t > T$ 时, 有

$$P(t) > e^{a_1 t} \to \infty, \quad t \to \infty,$$

这与 (4.22) 是矛盾的. 若 $a_1 < 0$, 则存在一个 $T_1 = T_1(\omega)$, 当 $t > T_1$ 时, 有

$$\log P(t) < a_1 t.$$

因此有

$$\lim_{t\to\infty}\frac{1}{t}\int_0^t P(s)ds < 0.$$

这与 (4.22) 也是矛盾的. 因此,

$$\lim_{t\to\infty}\frac{\log P(t)}{t} = 0.$$

同理可得

$$\lim_{t\to\infty} \frac{\log Q(t)}{t} = 0,$$

$$\lim_{t\to\infty} \frac{\log V(t)}{t} = 0.$$

则有

$$\begin{cases} \left(a - \dfrac{\sigma_1^2}{2}\right) - b\displaystyle\int_{R_+^3} z_1\mu(dz_1, dz_2, dz_3) - c\displaystyle\int_{R_+^3} z_2\mu(dz_1, dz_2, dz_3) \\ \qquad\qquad - \eta\displaystyle\int_{R_+^3} z_3\mu(dz_1, dz_2, dz_3) = 0, \\ \left(d - \dfrac{\sigma_2^2}{2}\right) - e\displaystyle\int_{R_+^3} z_1\mu(dz_1, dz_2, dz_3) - f\displaystyle\int_{R_+^3} z_2\mu(dz_1, dz_2, dz_3) \\ \qquad\qquad - (f + \delta)\displaystyle\int_{R_+^3} z_3\mu(dz_1, dz_2, dz_3) = 0, \\ -\dfrac{\sigma_3^2}{2} - g\displaystyle\int_{R_+^3} z_1\mu(dz_1, dz_2, dz_3) - (f - \delta)\displaystyle\int_{R_+^3} z_2\mu(dz_1, dz_2, dz_3) \\ \qquad\qquad - f\displaystyle\int_{R_+^3} z_3\mu(dz_1, dz_2, dz_3) = 0. \end{cases} \tag{4.25}$$

记

$$a' = a - \frac{\sigma_1^2}{2} + \frac{\eta\sigma_3^2}{2f}, \quad d' = d - \frac{\sigma_2^2}{2} + \frac{(f+\delta)\sigma_3^2}{2f}, \quad a_1 = \frac{d'f}{\delta^2},$$

$$a_2 = \frac{gf + g\delta - ef}{\delta^2}, \quad a_3 = \frac{(\delta - f)d'}{\delta^2}, \quad a_4 = \frac{(\delta - f)(gf + g\delta - ef)}{f\delta^2} > g\delta^2.$$

作如下假设:

(T) $a > \dfrac{\sigma_1^2}{2}$, $d > \dfrac{\sigma_2^2}{2}$, $\delta > f$, $g(f+\delta) > ef$, $a' > ca_1 + \eta a_3$, $(\delta - f)(gf + g\delta - ef) > g\delta^2$.

当假设 (T) 成立时, 方程组 (4.25) 存在正解

$$\begin{cases} \displaystyle\int_{R_+^3} z_1\mu(dz_1, dz_2, dz_3) = x^*, \\ \displaystyle\int_{R_+^3} z_2\mu(dz_1, dz_2, dz_3) = y^*, \\ \displaystyle\int_{R_+^3} z_3\mu(dz_1, dz_2, dz_3) = z^*, \end{cases} \tag{4.26}$$

其中 $x^* = \dfrac{a' - ca_1 - \eta a_3}{b + ca_2 + \eta a_4}$, $y^* = a_1 + a_2 x^*$, $z^* = a_3 + a_4 x^*$.

根据以上的讨论可得如下定理.

定理 4.11　　假设条件 (T) 及定理 4.10 的条件成立, 则对任意的初始值 $(P(0), Q(0), V(0)) \in R_+^3$, 系统 (4.4) 的解具有如下性质:

$$
\begin{cases}
P\left\{ \lim\limits_{t \to \infty} \frac{1}{t} \int_0^t P(s)ds = \int_{R_+^3} z_1 \mu(dz_1, dz_2, dz_3) = x^* \right\} = 1, \\[4mm]
P\left\{ \lim\limits_{t \to \infty} \frac{1}{t} \int_0^t Q(s)ds = \int_{R_+^3} z_2 \mu(dz_1, dz_2, dz_3) = y^* \right\} = 1, \\[4mm]
P\left\{ \lim\limits_{t \to \infty} \frac{1}{t} \int_0^t V(s)ds = \int_{R_+^3} z_3 \mu(dz_1, dz_2, dz_3) = z^* \right\} = 1.
\end{cases}
\tag{4.27}
$$

第5章　随机食物有限种群系统

近些年来, 随着随机微分方程的快速发展, 它已经渗入自然科学、工程技术等许多领域中, 利用统计学方法来研究随机微分方程中的参数估计问题也成为一个重要的课题. 目前, 很多学者研究了增长率 (死亡率) 在环境白噪声的干扰下随机 Logistic 模型、随机 Lotka-Volterra 竞争系统正解的存在唯一性和稳定性及参数的极大似然估计, 并研究了非自治随机 Logistic 模型的周期解等问题, 本章研究的是食物有限模型.

对于一个食物有限型种群模型, 用微分方程可以描述为

$$\dot{N}(t) = rN(t)\left(\frac{K - N(t)}{K + CN(t)}\right), \tag{5.1}$$

其中 $N(t)$ 为 t 时刻单个物种的生物种群密度, r 为内禀增长率, K 为环境容纳量, 且 r, K, C 都为正数, 许多学者对系统 (5.1) 做了深入的研究, 且已得出较为完善的结果, 参见文献 [110] – [127].

然而, 种群生态系统常受到环境白噪声的干扰[32], 那么研究白噪声存在是否影响种群生态系统及是否会使已有结果发生变化已受到广泛关注, 假设系统 (5.1) 中参数受到如下扰动

$$r \to r + \alpha\dot{B}(t),$$

其中是 $\dot{B}(t)$ 为白噪声, α^2 为噪声强度, 那么系统 (5.1) 变为

$$\dot{N}(t) = N(t)\left(\frac{K - N(t)}{K + CN(t)}\right)(r + \alpha\dot{B}(t)), \tag{5.2}$$

其中 $\dot{B}(t)$ 是一维标准布朗运动, 初值 $N(0) = N_0$ 且 $0 < N_0 < K$ 是一个随机变量, 不妨设 N_0 与 $B(t)$ 独立.

在 Itô 意义下, 方程 (5.2) 等价于

$$dN(t) = N(t)\left(\frac{K - N(t)}{K + CN(t)}\right)(rdt + \alpha dB(t)). \tag{5.3}$$

对于系统 (5.3) 蒋达清等[128] 已研究了正解存在性、唯一性等, 得到了如下结果:

(1) 对任意给定的初始值 $0 < N(0) = N_0 < K$, 方程 (5.3) 存在唯一连续的正解.

(2) 对任意给定的初始值 $0 < N(0) = N_0 < K$, $N(t)$ 为 (5.3) 的连续正解, 若 $r > \dfrac{1}{2}\alpha^2$, 当 $t \to \infty$ 时, $E[N(t)] \to K$.

(3) 对任意给定的初始值 $0 < N(0) = N_0 < K$, $N(t)$ 为 (5.3) 的连续正解, 若 $r > \dfrac{1}{2}\alpha^2$, 则

$$\lim_{t \to +\infty} E[(K - N(t))^2] = 0.$$

本章将在此基础上将正解在均值意义下的全局吸引性改进为正解的全局吸引性, 且研究了参数估计的相合性及渐近分布问题.

约定   本章中, 如不特殊说明, 假设 $(\Omega, \mathcal{F}, \{\mathcal{F}_t\})$ 是一个具有流 $\{\mathcal{F}_t\}_{t \geq 0}$ 的完备概率空间, 且满足通常的条件 (即 $\{\mathcal{F}_t\}_{t \geq 0}$ 是右连续的且包含所有的 P 零集合).

5.1   系统 (5.3) 正解的全局吸引性

引理 5.1 [128]   对于任意的初始值 $N(0) = N_0$, 且 $0 < N_0 < K$, 则方程 (5.3) 存在唯一连续的正解 $N(t)$.

定理 5.1   对任意给定的初始值 $N(0) = N_0$, $0 < N_0 < K$, $N(t)$ 是方程 (5.3) 的一个解, 若 $r > \dfrac{1}{2}\alpha^2$, 则当 $t \to +\infty$ 时, $N(t) \to K$ a.s.

证明   当 $N(0) = N_0 > 0$, $0 < N_0 < K$ 时, 由引理 5.1 可知, 以 $N(0)$ 为初值的解 $N(t)$ 为连续的正解. 显然, $N = 0$ 和 $N = K$ 都为方程 (5.3) 的解. 为了以后书写方便, 令 $\Phi(N) = \dfrac{N}{(K-N)^{1+C}}$, 当 $N \neq 0$, $N \neq K$ 时, 对 $\log \Phi(N)$ 运用伊藤公式求导得

$$\begin{aligned}
d\log|\Phi(N)| &= d\log|N| - d\log|(K-N)^{1+C}| \\
&= \frac{K + CN}{N(K-N)} dN - \frac{CN^2 + 2NK - K^2}{2N^2(K-N)^2}(dN)^2 \\
&= rdt + \alpha dB(t) + \frac{\alpha^2}{2}\frac{CN^2 + 2NK - K^2}{(K+CN)^2} dt \\
&= \left(r - \frac{1}{2}\alpha^2\right)dt + \alpha dB(t) + \frac{\alpha^2}{2}\frac{CN^2 + 2NK + 2CKN + C^2N^2}{(K+CN)^2} dt \\
&= \left(r - \frac{1}{2}\alpha^2\right)dt + \alpha dB(t) + \frac{\alpha^2}{2}\frac{(C+1)(CN^2 + 2KN)}{(K+CN)^2} dt, \quad (5.4)
\end{aligned}$$

那么一定存在 $C_1 = C_1(\omega)$, 使得

$$\Phi(N) = C_1 \mathrm{e}^{rt - \frac{1}{2}\alpha^2 t + \alpha B(t) + \frac{(C+1)\alpha^2}{2} \int_0^t \frac{(CN^2(S) + 2KN(S))}{(K+CN)^2} ds}. \tag{5.5}$$

我们知道 $N(0) = N_0$ 且 $0 < N_0 < K$, 那么有 $C_1 = \dfrac{N_0}{(K-N_0)^{1+C}}$, 即

$$\frac{K-N}{N^{\frac{1}{1+c}}} = \frac{K-N_0}{N_0^{\frac{1}{1+c}}} \mathrm{e}^{\frac{1}{1+C}\left[-\left(r - \frac{1}{2}\alpha^2\right)t - \alpha B(t)\right] - \frac{(C+1)\alpha^2}{2} \int_0^t \frac{(CN^2(S) + 2KN(S))}{(K+CN)^2 ds}}, \ 0 < N_0 < K,$$
$$\tag{5.6}$$

由 (5.6) 可知 $0 < N(t) < K$, 且

$$\frac{K-N}{N^{\frac{1}{1+c}}} < \frac{K-N_0}{N_0^{\frac{1}{1+c}}} \mathrm{e}^{\frac{1}{1+C}\left[-\left(r - \frac{1}{2}\alpha^2\right)t - \alpha B(t)\right]}.$$

由 (5.5) 可以得到

$$\Phi(N) > \frac{N_0}{(K-N_0)^{1+C}} \mathrm{e}^{rt - \frac{1}{2}\alpha^2 t + \alpha B(t)}.$$

令

$$\phi(t) = \frac{N_0}{(K-N_0)^{1+C}} \mathrm{e}^{rt - \frac{1}{2}\alpha^2 t + \alpha B(t)},$$

则

$$\Phi(N(t)) > \phi(t). \tag{5.7}$$

从 (5.7) 式可得

$$\Phi^{-1}(\phi(t)) = \Phi^{-1}\left[\frac{N_0}{(K-N_0)^{1+C}} \mathrm{e}^{rt - \frac{1}{2}\alpha^2 t + \alpha B(t)}\right] < N(t) < K.$$

若 $r > \dfrac{1}{2}\alpha^2$, 当 $t \to \infty$ 时, 有

$$\phi(t) \to \infty. \tag{5.8}$$

联合 (5.7), (5.8) 有

$$\Phi(N(t)) \to \infty, \quad t \to \infty. \tag{5.9}$$

由 $\Phi(N)$ 的表达式, 显然可以得到 $\Phi(N)' > 0$, 因此 $\Phi(N)$ 是 $(0, K)$ 上的增函数, 所以 (5.9) 成立的充要条件是

$$N(t) \to K.$$

因此我们得到了当 $t \to +\infty$ 时,

$$N(t) \to K,$$

证毕.

现在, 给出方程 (5.3) 的数值模拟. 作变量替换

$$x(t) = \log \frac{N(t)}{(K - N(t))^{1+C}},$$

则方程 (5.3) 变形为 (5.4), 考虑等距时间点列 $0, \Delta t, 2\Delta t, \cdots, n\Delta t$, 其中 $\Delta t > 0$, 因此有

$$x_i - x_{i-1} = \left(r - \frac{1}{2}\alpha^2 + \frac{1+C}{2} \frac{\Phi^{-1}(e^{x_i})[C\Phi^{-1}(e^{x_i}) + 2K]}{[K + C\Phi^{-1}(e^{x_i})]^2} \alpha^2 \right) \Delta t + \alpha\sqrt{\Delta t}\,\varepsilon_i,$$
$$i = 1, 2, \cdots. \tag{5.10}$$

其中 ε_i 是一个 i.i.d. $N(0,1)$ 序列, 且对于每个 i, ε_i 是和 $\{x_j, j < i\}$ 独立的. 令

$$N_i = \Phi^{-1}(e^{x_i}), \tag{5.11}$$

那么 N_i 是由方程 (5.3) 离散化得来的.

图 5.1 是对 (5.11) 满足初值 $N_0 = \Phi^{-1}(e^{-0.2})$ 的数值模拟的结果.

从图 5.1~ 图 5.3 中可以看到, 当 $K = 1, c = 1, r > \dfrac{\alpha^2}{2}$ 时, 具有随机扰动的系统 (5.3) 满足初始条件 $0 < N_0 < K$ 的正平衡点 K 是全局吸引的. 从图 5.4 可以看出, 当 $r < 0$ 时, $N(t) \to 0$ a.s., 当 $t \to \infty$.

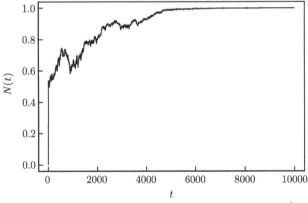

图 5.1　$\Delta t = 1$, $K = 1$, $c = 1$, $\alpha^2 = 0.1$, $r = 0.1$, $r > \dfrac{1}{2}\alpha^2$

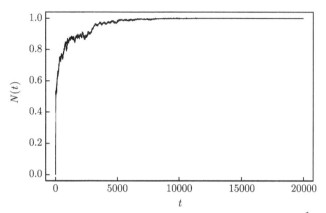

图 5.2 $\Delta t = 0.01$, $K = 1$, $c = 1$, $\alpha^2 = 0.1$, $r = 0.1$, $r > \dfrac{1}{2}\alpha^2$

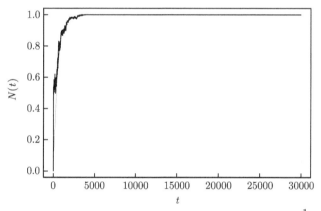

图 5.3 $\Delta t = 0.01$, $K = 1$, $c = 1$, $\alpha^2 = 0.3$, $r = 0.2$, $r > \dfrac{1}{2}\alpha^2$

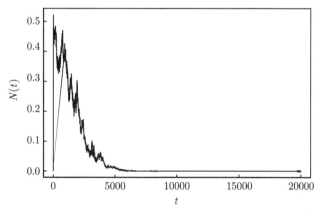

图 5.4 $\Delta t = 0.01$, $K = 1$, $c = 1$, $\alpha^2 = 0.1$, $r = -0.1$, $r < \dfrac{1}{2}\alpha^2$

5.2   系统 (5.3) 参数的极大似然估计

在本节中, 假设环境容纳量 K 和 C 是给定的, r, α 是未知的参数, 求此二参数的极大似然估计, 作变量替换. $x(t) = \log \dfrac{N(t)}{(K - N(t))^{1+C}}$, 方程 (5.3) 变形为

$$dx(t) = \left(r - \frac{1}{2}\alpha^2 + \frac{1+C}{2} \frac{\Phi^{-1}(e^{x(t)})[C\Phi^{-1}(e^{x(t)}) + 2K]}{[K + C\Phi^{-1}(e^{x(t)})]^2} \alpha^2 \right) dt + \alpha dB(t), \quad t \geqslant 0. \tag{5.12}$$

初值 $x(0) = x_0 =: \log \dfrac{N_0}{(K - N_0)(1 + C)}$. 这里 x_0 与 $B(t)$ 是独立的.

对于 $\Delta t > 0$, 考虑以等距时间点列 $0, \Delta t, 2\Delta t, \cdots, n\Delta t$, 离散方程 (5.12) 有

$$x_i - x_{i-1} = \left(r - \frac{1}{2}\alpha^2 + \frac{1+C}{2} \frac{\Phi^{-1}(e^{x_i})[C\Phi^{-1}(e^{x_i}) + 2K]}{[K + C\Phi^{-1}(e^{x_i})]^2} \alpha^2 \right) \Delta t$$
$$+ \alpha\sqrt{\Delta t}\, \varepsilon_i, \quad i = 1, 2, \cdots. \tag{5.13}$$

ε_i 是一个 i.i.d. $N(0,1)$ 序列, 且对于任意 i, ε_i 与 $\{x_j, j < i\}$ 是独立的. 从 (5.13) 可以得到

$$x_i = x_{i-1} + (r + \alpha^2 g(x_{i-1}))\Delta t + \alpha\sqrt{\Delta t}\, \varepsilon_i, \quad i = 1, 2, \cdots, \tag{5.14}$$

其中 $g(x) = -\dfrac{1}{2} + \dfrac{1+C}{2} \dfrac{\Phi^{-1}(e^x)[C\Phi^{-1}(e^x) + 2K]}{[K + C\Phi^{-1}(e^x)]^2}$, 这里

$$g(x) < \frac{1}{2C}, \quad g(x) \to \frac{1}{2(C+1)}, \quad n \to \infty.$$

令 $X_0, X_1, X_2, \cdots, X_n$ 是由过程 (5.14) 得到的观测序列, 且 $\mathcal{F}_{i-1} = \sigma(X_j, j \leqslant i-1)$, 对于给定的 $\mathcal{F}_{i-1}$, X_i 的条件密度函数是

$$f(x_i \mid \mathcal{F}_{i-1}) = \frac{1}{\sqrt{2\pi}\alpha\sqrt{\Delta t}} \cdot \exp\left\{ -\frac{1}{2\alpha^2 \Delta t}[x_i - x_{i-1} - (r + \alpha^2 g(x_{i-1}))\Delta t]^2 \right\}.$$

对于给定的 $\mathcal{F}_0$, $(X_1, \cdots, X_n)$ 的联合条件概率密度函数为

$$f(x_1, x_2, \cdots, x_n \mid \mathcal{F}_0) = \left(\frac{1}{\sqrt{2\pi}\alpha\sqrt{\Delta t}} \right)^n \prod_{i=1}^{n} \exp\left\{ -\frac{1}{2\alpha^2 \Delta t}[x_i - x_{i-1} \right.$$
$$\left. - (r + \alpha^2 g(x_{i-1}))\Delta t]^2 \right\}.$$

忽略常数, 对数似然函数为

$$L_n(r, \alpha^2) = -\frac{n}{2} \log \alpha^2 - \frac{1}{2\alpha^2 \Delta t} \sum_{i=1}^{n} [x_i - x_{i-1} - (r + \alpha^2 g(x_{i-1}))\Delta t]^2. \qquad (5.15)$$

似然方程为

$$\begin{cases} \dfrac{\partial L_n(r, \alpha^2)}{\partial \alpha^2} = 0, \\[3mm] \dfrac{\partial L_n(r, \alpha^2)}{\partial r} = 0, \end{cases} \qquad (5.16)$$

即

$$\begin{cases} \alpha^4 \sum_{i=1}^{n} g^2(x_{i-1})(\Delta t)^2 + \alpha^2 n\Delta t - \sum_{i=1}^{n}(x_i - x_{i-1} - r\Delta t)^2 = 0, \\[3mm] x_n - x_0 - \alpha^2 \sum_{i=1}^{n} g(x_{i-1})\Delta t - nr\Delta t = 0. \end{cases} \qquad (5.17)$$

解上面方程得

$$\begin{cases} \hat{\alpha}^2 = \dfrac{2A}{(n + \sqrt{n^2 + 4AB})\Delta t}, \\[3mm] \hat{r} = \dfrac{1}{n\Delta t}\left[x_n - x_0 - \hat{\alpha}^2 \Delta t \sum_{i=1}^{n} g(x_{i-1})\right]. \end{cases} \qquad (5.18)$$

这里

$$A = \sum_{i=1}^{n}[x_i - x_{i-1}]^2 - \frac{1}{n}[x_n - x_0]^2, \quad B = \sum_{i=1}^{n} g^2(x_{i-1}) - \frac{1}{n}\left[\sum_{i=1}^{n} g(x_{i-1})\right]^2.$$

这样得到了 α^2, r 的参数估计.

下面给出以上估计值的模拟结果, 在本章中, 给定 $C = 1, K = 1$. 在表 5.1 和表 5.2 中, 假设 $\{\varepsilon_i\}$ 服从标准正态分布 $N(0,1)$. 对于每个给定参数的真实值 (α^2, r), 样本的大小用符号 "Size n" 表示, 并在表的第一列给出, 在表 5.1 中 $(\Delta t = 1)$, "n" 从 50 增加到 500, 在表 5.2 中 $(\Delta t = 0.01)$, "n" 从 10000 增加到 50000. 在计算模型 (5.3) 随机数的极大似然估计十次平均的基础上, 分别算出了 "α^2-MLE" 和 "r-MLE". "AS" 代表极大似然估计的绝对误差. 通过表 5.1 和表 5.2 说明了绝对误差不仅依赖于给定的 α^2, r, 还依赖于样本量的大小.

通过表 5.1 和表 5.2, 可以看出, 在正态分布的假设下, 极大似然估计值和真实值之间没有明显区别, 估计值 $\hat{\alpha}^2, \hat{r}$ 比较准确.

表 5.1　极大似然估计的模拟结果 ($\Delta t = 1$)

True		Aver		AS	
(α^2, r)	Size n	α^2-MLE	r-MLE	α^2	r
(0.1,0.1)	50	0.1053	0.1152	0.0053	0.0152
	100	0.0952	0.1130	0.0048	0.0130
	500	0.1041	0.1088	0.0041	0.0088
(0.3,0.2)	50	0.3137	0.2479	0.0137	0.0521
	100	0.2633	0.2185	0.0367	0.0185
	500	0.2886	0.2129	0.0114	0.0129
(0.5,0.4)	50	0.5131	0.3762	0.0131	0.0238
	100	0.4997	0.3818	0.0003	0.0182
	500	0.5061	0.3972	0.0061	0.0028
(0.7,0.6)	50	0.7324	0.6201	0.0324	0.0201
	100	0.7105	0.6139	0.0105	0.0139
	500	0.6975	0.6085	0.0025	0.0085

表 5.2　极大似然估计的模拟结果 ($\Delta t = 0.01$)

True		Aver		AS	
(α^2, r)	Size n	α^2-MLE	r-MLE	α^2	r
(0.1,0.1)	10000	0.0996	0.1115	0.0004	0.0115
	20000	0.1010	0.1006	0.0010	0.0006
	50000	0.0994	0.0988	0.0006	0.0012
(0.3,0.2)	10000	0.2975	0.2041	0.0025	0.0041
	20000	0.3017	0.1977	0.0017	0.0023
	50000	0.3001	0.2005	0.0001	0.0005
(0.5,0.4)	10000	0.4972	0.4112	0.0028	0.0112
	20000	0.5006	0.3990	0.0006	0.0010
	50000	0.4989	0.3995	0.0011	0.0005
(0.7,0.6)	10000	0.6987	0.6031	0.0013	0.0031
	20000	0.7005	0.6030	0.0005	0.0030
	50000	0.7001	0.6025	0.0001	0.0025
(0.9,0.8)	10000	0.9112	0.7536	0.0112	0.0464
	20000	0.9103	0.7832	0.0103	0.0168
	50000	0.9053	0.8162	0.0053	0.0162

5.3　系统 (5.3) 参数估计的相合性及渐近分布

在本节中, 首先将要证明 $\hat{\alpha}^2, \hat{r}$ 分别是 α^2, r 的相合性估计. 不失一般性, 假设 $\Delta t = 1$.

(5.16) 可以变为如下形式

$$
\begin{cases}
\hat{\alpha}^2 = \dfrac{\dfrac{2A}{n}}{1 + \sqrt{1 + 4\dfrac{A}{n}\dfrac{B}{n}}}, \\[4mm]
\hat{r} = \dfrac{1}{n}(x_n - x_0) - \dfrac{1}{n}\hat{\alpha}^2 \displaystyle\sum_{i=1}^{n} g(x_{i-1}).
\end{cases}
\tag{5.19}
$$

由方程 (5.14), 可以得到

$$
\begin{aligned}
x_n &= x_{n-1} + r + \alpha^2 g(x_{n-1}) + \alpha\varepsilon_n \\
&= x_0 + \sum_{i=1}^{n}[r + \alpha^2 g(x_{i-1}) + \alpha\varepsilon_i].
\end{aligned}
\tag{5.20}
$$

通过计算可得到

$$
\frac{A}{n} = \frac{\alpha^4 B}{n} + 2\alpha^3\left(\frac{1}{n}\sum_{i=1}^{n} g(x_{i-1})\varepsilon_i - \bar{g}_{n-1}\bar{\varepsilon}_n\right) + \alpha^2 \frac{1}{n}\sum_{i=1}^{n}(\varepsilon_i - \bar{\varepsilon}_n)^2.
\tag{5.21}
$$

这里

$$
\bar{g}_n = \frac{1}{n+1}\sum_{i=0}^{n} g(x_i), \quad \bar{\varepsilon}_n = \frac{1}{n}\sum_{i=1}^{n}\varepsilon_i,
$$

将 (5.21) 代入 (5.19) 经过计算得

$$
\hat{\alpha}^2 - \alpha^2 = \frac{2\alpha D_n}{1 + \dfrac{2\alpha^2 B}{n} + \sqrt{\left[1 + \dfrac{2\alpha^2 B}{n}\right]^2 - 4\dfrac{B}{n}\alpha D_n}}.
$$

这里

$$
D_n = 2\alpha^2\left(\frac{1}{n}\sum_{i=1}^{n} g(X_{i-1})\varepsilon_i - \bar{g}_{n-1}\bar{\varepsilon}_n\right) - \alpha\left[1 - \frac{1}{n}\sum_{i=1}^{n}[\varepsilon_i - \bar{\varepsilon}_n]^2\right].
$$

因而有

$$
|\hat{\alpha}^2 - \alpha^2| \leqslant 2\alpha|D_n|.
\tag{5.22}
$$

引理 5.2 如果 $x_0, x_1, \cdots, x_n$ 是满足模型 (5.14) 的数据, 则 $\displaystyle\sum_{i=1}^{n} g(x_{i-1})\varepsilon_i$ 是关于 $\mathcal{F}_i = \sigma(X_j, \varepsilon_j, 0 \leqslant j \leqslant i)$ 的鞅.

证明　设 $s \leqslant t$, 则

$$E\left[\sum_{i=1}^{t} g(x_{i-1})\varepsilon_i / \mathcal{F}_s\right] = \sum_{i=1}^{s} g(x_{i-1})\varepsilon_i + E\left[\sum_{i=s+1}^{t} g(x_{i-1})\varepsilon_i / \mathcal{F}_s\right]$$

$$= \sum_{i=1}^{s} g(x_{i-1})\varepsilon_i + \sum_{i=s+1}^{t} g(x_{i-1})E(\varepsilon_i)$$

$$= \sum_{i=1}^{t} g(x_{i-1})\varepsilon_i.$$

证毕.

由引理 5.2 可知, $\sum_{i=1}^{n} g(x_{i-1})\varepsilon_i$ 是一个鞅, 则

$$E\left[\frac{1}{n}\sum_{i=1}^{n} g(x_{i-1})\varepsilon_i\right] = \frac{1}{n}E\left[\sum_{i=1}^{n} g(x_{i-1})\varepsilon_i\right]$$

$$= \frac{1}{n}E\left[E\left(\sum_{i=1}^{n} g(x_{i-1})\varepsilon_i / \mathcal{F}_{n-1}\right)\right]$$

$$= \frac{1}{n}E\left[\sum_{i=1}^{n} g(x_{i-1})E(\varepsilon_i)\right]$$

$$= 0,$$

并且

$$E[(g(x_{i-1})\varepsilon_i)^2] = E[g^2(x_{i-1})] \leqslant \frac{1}{4},$$

则

$$\sum_{i=1}^{\infty} \frac{E|g(x_i)\varepsilon_{i+1}|^2}{(i+1)^2} < \infty.$$

于是由鞅大数定律可得

$$\frac{1}{n}\sum_{i=1}^{n} g(x_{i-1})\varepsilon_i \longrightarrow 0, \quad \text{a.s.}$$

又因为 $|\bar{g}_n| \leqslant \frac{1}{2}$; $\bar{\varepsilon}_n \longrightarrow 0$(a.s.)(大数定律), 则

$$\frac{1}{n}\sum_{i=1}^{n} g(x_{i-1})\varepsilon_i \to 0, \quad \text{a.s.} \tag{5.23}$$

$\varepsilon_i \sim N(0,1)$, 则 $\bar{\varepsilon}_n \sim N\left(0, \frac{1}{n}\right)$, 又由于 $\bar{g}_{n-1}$ 是有界的, 因此可以得出

$$\bar{g}_{n-1}\bar{\varepsilon}_n \to 0, \quad \text{a.s.} \tag{5.24}$$

且由大数定律得

$$\frac{1}{n}\sum_{i=1}^{n}(\varepsilon_i - \bar{\varepsilon}_n)^2 \to 1, \quad n \to \infty. \tag{5.25}$$

由 (5.23)∼(5.25) 可得

$$D_n \to 0, \quad \text{a.s.}$$

因此

$$\hat{\alpha}^2 - \alpha^2 \to 0, \quad \text{a.s.} \tag{5.26}$$

下面来看 $\hat{r}$:

$$\hat{r} = \left[\frac{1}{n}(x_n - x_0) - \frac{1}{n}\hat{\alpha}^2 \sum_{i=1}^{n} g(x_{i-1}) \right]$$

$$= \frac{1}{n}\left[nr + \alpha^2 \sum_{i=1}^{n} g(x_{i-1}) + \alpha \sum_{i=1}^{n} \varepsilon_i \right] - \hat{\alpha}^2 \frac{1}{n}\sum_{i=1}^{n} g(x_{i-1})$$

$$= r + \frac{\alpha}{n}\sum_{i=1}^{n}\varepsilon_i + (\alpha^2 - \hat{\alpha}^2)\left(\frac{1}{n}\sum_{i=1}^{n} g(x_{i-1}) \right).$$

由 (5.26) 可得

$$\hat{r} - r = \frac{\alpha}{n}\sum_{i=1}^{n}\varepsilon_i + (\alpha^2 - \hat{\alpha}^2)\left(\frac{1}{n}\sum_{i=1}^{n} g(x_{i-1}) \right) \to 0, \quad \text{a.s.} \tag{5.27}$$

从 (5.26), (5.27), 得到如下结论.

定理 5.2　假设 $r > 0$, $\alpha^2 > 0$, 则 $\hat{r}$ 和 $\hat{\alpha}^2$ 都是强相合的.

下面考虑参数的渐近分布问题. 在实际当中, 若相对于增长率的扰动很大, 则模型没有太大意义, 因而不妨设 $r > \dfrac{\alpha^2}{2}$. 由 (5.14) 可得

$$x_n = x_{n-1} + r - \frac{\alpha^2}{2} + \alpha^2\left[g(x_{n-1}) + \frac{1}{2} \right] + \alpha\varepsilon_n \geqslant x_{n-1} + r - \frac{\alpha^2}{2} + \alpha\varepsilon_n$$

$$= x_0 + n\left(r - \frac{\alpha^2}{2} \right) + \alpha\sum_{i=1}^{n}\varepsilon_i. \tag{5.28}$$

于是有

$$x_n \to \infty, \quad \text{a.s.}, \quad g(x_n) \to \frac{1}{2(C+1)}, \quad \text{a.s.}, \quad n \to \infty;$$

$$\frac{B}{n} = \frac{1}{n}\sum_{i=1}^{n}[g(x_{i-1}) - \bar{g}_{n-1}]^2 \to 0, \quad \text{a.s.}, \quad n \to \infty. \tag{5.29}$$

引理 5.3　　假设 ε_i 是一个 i.i.d. $N(0,1)$ 序列且 $\bar{\varepsilon}_n = \dfrac{1}{n}\sum\limits_{i=1}^{n}\varepsilon_i$, 则 $\sqrt{n}\Big[1 - \dfrac{1}{n}\sum\limits_{i=1}^{n}(\varepsilon_i - \bar{\varepsilon}_n)^2\Big] \Rightarrow N(0,2)$, 这里 "$\Rightarrow$" 表示依分布收敛.

证明　　由 ε_i 是一个 i.i.d.$N(0,1)$ 序列, 则

$$\sum_{i=1}^{n}(\varepsilon_i)^2 \sim \chi^2(n),$$

由大数定律可知

$$\frac{\sum\limits_{i=1}^{n}(\varepsilon_i)^2 - n}{\sqrt{2n}} \to N(0,1).$$

不难看出

$$\sqrt{n}\left(\frac{1}{n}\sum_{i=1}^{n}(\varepsilon_i)^2 - 1\right) \to N(0,2). \tag{5.30}$$

由于

$$\bar{\varepsilon}_n = o_{\text{a.s.}}\left(\frac{\log n}{\sqrt{n}}\right),$$

则

$$\bar{\varepsilon}_n^2 = o_{\text{a.s.}}\left(\frac{\log^2 n}{n}\right).$$

因此可以得到

$$\sqrt{n}\bar{\varepsilon}_n^2 \xrightarrow{\text{a.s.}} 0. \tag{5.31}$$

并且

$$\sqrt{n}\left[1 - \frac{1}{n}\sum_{i=1}^{n}(\varepsilon_i - \bar{\varepsilon}_n)^2\right] = \sqrt{n}\left[1 - \frac{1}{n}\sum_{i=1}^{n}\varepsilon_i^2 + \bar{\varepsilon}_n^2\right]. \tag{5.32}$$

由 (5.30)～(5.32) 可得

$$\sqrt{n}\left[1 - \frac{1}{n}\sum_{i=1}^{n}(\varepsilon_i - \bar{\varepsilon}_n)^2\right] \Rightarrow N(0,2).$$

证毕.

令

$$D_{n_1} = \frac{1}{n}\sum_{i=1}^{n}g(x_{i-1})\varepsilon_i - \bar{g}_{n-1}\bar{\varepsilon}_n$$

$$= \frac{1}{n}\sum_{i=1}^{n}g\left(x_{i-1} - \frac{1}{2(C+1)}\right)\varepsilon_i - \left(\overline{g}_{n-1} - \frac{1}{2(C+1)}\right)\bar{\varepsilon}_n,$$

则

$$E(\sqrt{n}D_{n_1}) = 0,$$

$$E\Big(\sqrt{n}\Big[\frac{1}{n}\sum_{i=1}^{n}g\Big(x_{i-1}-\frac{1}{2(C+1)}\Big)\varepsilon_i\Big]\Big)^2$$

$$=\frac{1}{n}\Big(\sum_{i=1}^{n}E\Big[g\Big(x_{i-1}-\frac{1}{2(C+1)}\Big)\Big]^2\Big)E(\varepsilon_i)^2$$

$$+\sum_{i\neq j}^{n}E[g(x_{i-1})\varepsilon_i g(x_{j-1})\varepsilon_j]$$

$$=\frac{1}{n}\Big(\sum_{i=1}^{n}E\Big[g\Big(x_{i-1}-\frac{1}{2(C+1)}\Big)\Big]^2\Big)E(\varepsilon_i)^2 \to 0.$$

$$E\Big[\sqrt{n}\Big(\bar{g}_{n-1}-\frac{1}{2(C+1)}\Big)\bar{\varepsilon}_n\Big]^2$$

$$=nE\Big[\Big(\bar{g}_{n-1}-\frac{1}{2(C+1)}\Big)\bar{\varepsilon}_n\Big]^2$$

$$\leqslant nE\Big(\bar{g}_{n-1}-\frac{1}{2(C+1)}\Big)^2 E(\bar{\varepsilon}_n)^2$$

$$=E\Big(\bar{g}_{n-1}-\frac{1}{2(C+1)}\Big)^2 \to 0, \quad n\to\infty.$$

即有

$$D(\sqrt{n}D_{n_1}) \to 0, \quad n\to\infty.$$

由上面分析可以得到 $\sqrt{n}D_{n_1}\xrightarrow{p}0$. 因此可以得到

$$\sqrt{n}(\hat{\alpha}^2-\alpha^2)\Rightarrow N(0,2\alpha^2).$$

定理 5.3 假设 $\Delta t=1$, $r>\frac{\alpha^2}{2}$, $\alpha^2>0$, 则

$$\sqrt{n}[\hat{\alpha}^2-\alpha^2]\Rightarrow N(0,2\alpha^4).$$

一般地, 由此定理可知

$$\sqrt{n}[\hat{\alpha}^2-\alpha^2]\Delta t\Rightarrow N(0,2\alpha^4\Delta t).$$

从而有如下结论.

定理 5.4 假设 $r>\frac{\alpha^2}{2}$, $\alpha^2>0$, 则

$$\sqrt{n}[\hat{\alpha}^2-\alpha^2]\Rightarrow N\Big(0,\frac{2\alpha^4}{\Delta t}\Big).$$

参 考 文 献

[1] Itǒ K. Stochastic integral[J]. Proc. Imp. Acad. Tokyo., 1944, 20: 519-524.

[2] Itǒ K, Nisio M. On stationary solutions of a stochastic differential equation[J]. J. Math. Kyoto. Univ., 1964, 4: 1-75.

[3] Mao X R. Exponential Stability of Stochastic Differential Equations, Monographs and Textbooks in Pure and Applied Mathematics[M]. New York: Marcel Dekker Inc., 1994.

[4] Bertram J E, Sarachik P E. Stability of circuits with randomly time-varying parameters[J]. Circuit Theory, IRE Trans., 1959, 6(5): 260-270.

[5] Has′minskii R Z. Stochastic Stability of Differential Equations[M]. Netherlands: Sijthoff & Noordhoff, 1980.

[6] Bainov D D, Kolmanovskii V B. Periodic solution of stochastic functional differential equations. Math. J Toyama Univ., 1991, 14: 1-39.

[7] Lotka A J. Elements of Physical Biology[M]. Galtimore: Williams and Wilkins, 1925.

[8] Volterra V. Variazioni e fluttuazioni del numero d'individui in specie animali conviventi[J]. Mem. R. Accad. Naz. dei Lincei, 1926, 2: 31-113.

[9] Hastings A. Population Biology: Concepts and Models[M]. New York: Springer-Verlag, 1997.

[10] Brauer F, Castillo-Chavez C. Mathematical Models in Population Biology and Epidemiology[M]. New York: Springer-Verlag, 2000.

[11] Gopalsamy K. Stability and Oscillations in Delay Differential Equations of Population Dynamics[M]. Spinger-Science Business Media, 1992.

[12] Kuang Y. Delay Differential Equations: with Applications in Population Dynamics[M]. Boston: Academic Press, 1993.

[13] 陈兰荪, 宋新宇, 陶征一. 数学生态学模型与研究方法 [M]. 成都: 四川科学技术出版社, 2003.

[14] 唐三一, 肖燕妮. 单种群生物动力系统 [M]. 北京: 科学出版社, 2008.

[15] Bailey N T J. The Biomathematics of Malaria[M]. Charles Griffin & Co.Ltd., London, 1982.

[16] Bailey N T J. The Mathematical Theory of Infectious Disease and its Application[M]. Charles Griffin & Co.Ltd., London, 1975.

[17] Hethcote H W. Qualitative analysis of communicable disease models[J]. Bioscience, 1976, 28: 335-356.

[18] Hethcote H W, Stech H W, Driessche P V. Periodicity and stability in epidemic mod-

els//Busenberg S N, Cooke K. ed. A Survey in Differential Equations and Applications in Ecology, Epidemics and Population Problems[M]. New York: Academic Press, 1981.

[19] Anderson R M, May R M. The invasion, persistence and spread of infections disease within animal and plant communities[J]. Phil. Trans. R. Soc. Lond. B Biol Sci, 1986, 314: 533-570.

[20] Dobson A P. The population dynamics of competition between parasites[J]. Parasitology, 1985, 91: 317-347.

[21] Hochberg M E, Hassel M P, May R M. The dynamics of host-parasitoid-pathogen interactions[J]. The American Naturalist, 1990, 135: 74-94.

[22] Venturino E. The effect of diseases on competing species[J]. Math. Biosci., 2001, 174: 111-131.

[23] Xiao Y N, Chen L S. Analysis of a three species eco-epidemiological model[J]. J. Math. Anal. Appl., 2001, 258: 733-753.

[24] Xiao Y N, Chen L S. A ratio-dependent predator-prey model with disease in the prey[J]. Appl. Math. Comput., 2002, 131: 397-414.

[25] Xiao Y N, Chen L S. Modelling and analysis of a predator-prey model with disease in the prey [J]. Math. Biosci., 2001, 171: 59-82.

[26] Arnold L, Horsthemke W, Stucki J W. The influence of external real and white noise on the Lotka-Volterra model[J]. Biometrical J., 1979, 21: 451-471.

[27] Arnold L, Crauel H, Wihstutz V. Stabilization of linear systems by noise [J]. SIAM J Control Optim, 1983, 21: 451-461.

[28] Gard T C. Stability for multispecies population models in random environments[J]. Nonlinear Anal. Theory Meth. & Appl., 1986, 10: 1411-1419.

[29] Gard T C. Introduction to Stochastic Differential Equations[M]. New York: Marcel Dekker, 1988.

[30] Has'minskii R Z, Klebaner F C. Long term behavior of solutions of the Lotka-Volterra system under small random perturbations[J]. Ann. Appl. Probab., 2001, 11: 952-963.

[31] Has'minskii R Z. Stochastic Stability of Differential Equations. 2nd ed. Berlin: Springer-Verlag, 2012.

[32] Mao X R, Marion G, Renshaw E. Environmental Brownian noise suppresses explosions in population dynamics[J]. Stochastic Processes Appl., 2002, 97: 95-110.

[33] Mao X R, Sabanis S, Renshaw E. Asymptotic behaviour of the stochastic Lotka-Volterra model[J]. J. Math. Anal. Appl., 2003, 287: 141-156.

[34] 王克. 随机生物数学模型 [M]. 北京: 科学出版社, 2010.

[35] Settati A, Lahrouz A. Stationary distribution of stochastic population systems under regime switching[J]. Appl. Math. Comput., 2014, 244: 235-243.

[36] Liu H, Li X X, Yang Q S. The ergodic property and positive recurrence of a multi-group Lotka-Volterra mutualistic system with regime swiching[J]. Systems Control

Letters, 2013, 62: 805-810.

[37] Li X Y, Mao X R. Population dynamical behavior of non-autonomous Lotka-Volterra competitive system with random perturbation[J]. Discrete Contin. Dyn. Syst., 2009, 24: 523-545.

[38] Ji C Y, Jiang D Q, Shi N Z. A note on a predator-prey model with modified Leslie-Gower and Holling-type II schemes with stochastic perturbation[J]. J. Math. Anal. Appl., 2011, 377: 435-440.

[39] Ji C Y, Jiang D Q. Dynamics of a stochastic density dependent predator-prey system with Beddington-De Angelis functional response[J]. J. Math. Anal. Appl., 2011, 381: 441-453.

[40] Mao X R. Delay population dynamics and environmental noise[J]. Stoch. Dyn., 2005, 5: 149-162.

[41] Bahar A, Mao X R. Stochastic delay Lotka-Volterra model[J]. J. Math. Anal. Appl., 2004, 292: 364-380.

[42] Liu M, Wang K. Extinction and permanence in a stochastic non-autonomous population system[J]. Appl. Math. Lett., 2010, 23: 1464-1467.

[43] Liu M, Wang K. Dynamics of a two-prey one-predator system in random environments[J]. J. Nonlinear Sci., 2013, 23: 751-775.

[44] Liu M, Wang K. Analysis of a stochastic autonomous mutualism model[J]. J. Math. Anal. Appl., 2013, 402: 392-403.

[45] Ji C Y, Jiang D Q, Hong L, Yang Q S. Existence, uniquess and ergodicity of positive solution of mutualism system with stochastic perturbation. Math. Probl. Eng., 2010, 684926: 18

[46] Ji C Y, Jiang D Q. Persistence and non-persistence of a mutualism system with stochastic perturbation. Discrete Contin Dyn Syst, 2012, 32: 867-889.

[47] Mandal P S, Banerjee M. Stochastic persistence and stationary distribution in a Holling-Tanner type prey-predator model[J]. Physica A, 2012, 391: 1216-1233.

[48] Fan M, Wang K, Jiang D Q. Existence and global attractivity of positive periodic solution of periodic n-species Lotka-Volterra competition systems with several deviating arguments[J]. Math. Biosi., 1999, 160: 47-61.

[49] Li Y K, Zhang H T. Existence of periodic solutions for a periodic mutualism model on time scales[J]. J. Math. Anal. Appl., 2008, 343: 818-825.

[50] Wu H H, Xia Y H, Lin M R. Existence of positive periodic solution of mutualism system with several delays[J]. Chaos Solitons Fractals, 2008, 36: 487-493.

[51] Zhang H, Li Y Q, Jing B, Zhao W Z. Global stability of almost periodic solution of multispecies mutualism system with time delays and impulsive effects[J]. Appl. Math. Comput., 2014, 232: 1138-1150.

[52] Jiang D Q, Shi N Z. A note on nonautonomous logistic equation with random pertur-

bation[J]. J. Math. Anal. Appl., 2005, 303: 164-172.

[53] Zhao H, Zheng Z H. Random periodic solutions of random dynamical systems[J]. J. Differential Equations, 2009, 246: 2020-2038.

[54] Li D S, Xu D Y. Periodic solutions of stochastic delay differential equations and applications to logistic equation and neural networks[J]. J. Korean Math. Soc., 2013, 50: 1165-1181.

[55] Liu Z W, Shi N Z, Jiang D Q. The asymptotic behavior of a stochastic predatorprey system with holling II functional response. Abstr. Appl. Anal., 2012, 801812: 14.

[56] Zhang Q M, Jiang D Q, Zu L. The stablitity of a perterbed Eco-Epidemiological model with Holling type II functional response by whith noise[J]. Discrete Contin. Dyn. Syst., 2015, 20: 295-321.

[57] Beddington J R, May R M. Harvesting natural populations in a randomly fluctuating environment[J]. Science, 1977, 197: 463-465.

[58] Imhof L A, Walcher S. Exclusion and persistence in deterministic and stochastic chemostat models[J]. J. Differential Equations, 2005, 217: 26-53.

[59] Tineo A. On the asymptotic behavior of some population models[J]. J. Math. Anal. Appl., 1992, 167: 516-529.

[60] Luo Q, Mao X R. Stochastic population dynamics under regime switching[J]. J. Math. Anal. Appl., 2007, 334: 69-84.

[61] Mao X R. Stochastic Differential Equations and Applications[M]. New York: Horwood, 1997.

[62] Arnold L. Stochastic Differential Equations: Theory and Applications[M]. New York: Wiley, 1972.

[63] 张波, 张景肖. 应用随机过程 [M]. 北京: 清华大学出版社, 2007.

[64] Friedman A. Stochastic Differential Equations and their Applications[M]. New York: Academic Press, 1976.

[65] Mao X R, Yuan C G. Stochastic Differential Equations with Markovian Switching[M]. London: Imperial College Press, 2006.

[66] Strang G. Linear Algebra and Its Applications[M]. Singapore: Thomson Learning, 1988.

[67] Zhu C, Yin G. Asymptotic properties of hybrid diffusion systems[J]. SIAM J. Control. Optim., 2007, 46: 1155-1179.

[68] Araki M, Kondo B. Stability and transient behavior of composite nonlinear systems[J]. IEEE Trans. Automatic Control, 1972, 17: 537-541.

[69] Redheffer R. Nonautonomous Lotka-Volterra systems. I[J]. J. Differential Equations, 1996, 127: 519-541.

[70] Redheffer R. Nonautonomous Lotka-Volterra systems. II [J]. J. Differential Equations, 1996, 132: 1-20.

[71] Tineo A. On the asymptotic behavior of some population models. II [J]. J. Math. Anal. Appl., 1996, 197: 249-258.

[72] Nakata Y, Muroya Y. Permanence for nonautonomous Lotka-Volterra cooperative systems with delays[J]. Nonlinear Anal. Real. World Appl., 2010, 11: 528-534.

[73] Li Y K, Zhang H T. Existence of periodic solutions for a periodic mutualism model on time scales[J]. J. Math. Anal. Appl., 2008, 343: 818-825.

[74] Goh B S. Stability in models of mutualism[J]. Amer. Nat., 1979, 113: 261-275.

[75] Wang C Y, Wang S, Yang F P, Li L R. Global asymptotic stability of positive equilibrium of three-species Lotka-Volterra mutualism models with diffusion and delay effects[J]. Appl. Math. Modell, 2010, 34: 4278-4288.

[76] Li X Y, Jiang D Q, Mao X R. Population dynamical behavior of Lotka-Volterra system under regime switching[J]. J. Comput Appl. Math., 2009, 232: 427-448.

[77] Higham D J. An algorithmic introduction to numerical simulation of stochastic differential equations[J]. SIAM Rev., 2001, 43: 525-546.

[78] Mao X R, Marion G, Renshaw E. Environmental Brownian noise suppresses explosions in population dynamics[J]. Stochastic Process Appl., 2002, 97: 95-110.

[79] Hsu S B, Hwang T W. Global stability for a class of predator-prey system[J]. SIAM J. Appl. Math., 1995, 55: 763-783.

[80] Nindjin A F, Aziz-Alaoui M A, Cadivel M. Analysis of a predator-prey model with modified Leslie-Gower and Holling-type II schemes with time delay[J]. Nonlinear Anal. RWA, 2006, 7: 1104-1118.

[81] Kot M. Elements of Mathematical Biology. Cambridge: Cambridge University Press, 2001.

[82] Kuang Y. Global stability of Gause-type predator-prey systems[J]. J. Math. Biol., 1990, 28: 463-474.

[83] Freedman H I. Deterministic Mathematical Models in Population Ecology[M]. New York: Marcel Dekker Inc, 1980.

[84] Xiao R E, Ruan S. Global dynamics of a ratio-dependent predator-prey system[J]. J. Math. Biol., 2001, 43: 268-290.

[85] Ruan S, Xiao D. Global analysis in a predator-prey system with nonmonotonic functional response[J]. SIAM J. Appl. Math., 2001, 61: 1445-1472.

[86] Kuang Y. Nonuniqueness of limit cycles of Gause-type predator-prey systems[J]. Appl. Anal., 1988, 29: 269-287.

[87] Malchow H, Petrovskii S V, Venturino E. Spatiotemporal Patterns in Ecology and Epidemiology[M]. New York: Chapman and Hall, 2008.

[88] Turchin P. Complex Population Dynamics[M]. Princeton: Princeton University Press, 2003.

[89] Korobeinikov A. A Lyapunov function for Leslie-Gower predator-prey models[J]. Appl.

Math. Lett., 2001, 14: 697-699.

[90] Saez E, Gonzalez-Olivares E. Dynamics of a predator-prey model[J]. SIAM J. Appl. Math., 1999, 59: 1867-1878.

[91] Gasull A, Kooij R E, Torregrosa J. Limit cycles in the Holling-Tanner model[J]. Publ. Mat., 1997, 41: 149-167.

[92] Pielou E C. An Introduction to Mathematical Ecology[M]. New York: Wiley Interscience, 1969.

[93] Saha T, Chakrabarti C. Dynamical analysis of a delayed ratio-dependent Holling-Tanner predator-prey model[J]. J. Math. Anal. Appl., 2009, 358: 389-402.

[94] Upadhyay R K, Rai V. Crisis-limited chaotic dynamics in ecological systems[J]. Chaos, Solitons and Fractals, 2001, 12: 205-218.

[95] Upadhyay R K, Iyengar S R K. Efffect of seasonality on the dynamics of 2 and 3 species prey-predator systems[J]. Nonlinear Analysis: Real World Applications, 2005, 6: 509-530.

[96] Aziz-Alaoui M A, Okiye M D. Boundedness and global stability for a predator-prey model with modified Leslie-Gower and Holling-type II schemes[J]. Applied Mathematics Letters, 2003, 16: 1069-1075.

[97] Beddington J R. Mutual interference between parasites or predators and its effect on searching efficiency[J]. J. Anim. Ecol., 1975, 44: 331-340.

[98] Cosner C, Deangelis D L, Ault J S, et al. Effects of spatial grouping on the functional response of predators[J]. Theor. Popul. Biol., 1999, 56: 65-75.

[99] Mao X R, Marion G, Renshaw E. Environmental Brownian noise suppresses explosion in population dynamics[J]. Stochastic Process Appl., 2002, 97: 95-110.

[100] Ji C Y, Jiang D Q, Shi N Z. Analysis of a predator-prey model with modified Leslie-Gower and Holling-type II schemes with stochastic perturbation[J]. J. Math. Anal. Appl., 2009, 359(2): 482-498.

[101] Golpalsamy K. Exchange of equilibria in two-species Lotka-Volterra competition models[J]. J. Austral Math. Soc. Ser. B, 1982, 24: 160-170.

[102] Holt R D, Pickering J. Infectious disease and species coexistence: a model of Lotka-Volterra form[J]. Am. Nat., 1985, 126(2): 196-211.

[103] Holt R D. Predation, apparent competition, and the structure of prey communities[J]. Theoret Popul. Biol., 1977, 12(2): 197-229.

[104] Bowers R G, Begon M. A host-host-pathogen model with free-living infective stages, applicable to microbial pest control[J]. J. Theor. Biol., 1991, 148(3): 305-329.

[105] Norman R, Begon M, Bowers R G. The population dynamics of microparasites and vertebrate hosts: the importance of immunity and recovery[J]. Theor. Popul. Biol., 1994, 46(1): 96-119.

[106] Greenhalgh D, Haque M. A predator-prey model with disease in the prey species

only[J]. Math. Meth. Appl. Sci., 2007, 30: 911-929.

[107]   Anderson R M, May R M. The population dynamics of microparasites and their invertebrate hosts[J]. Philos Trans. R. Soc. London Ser. B, 1981, 291(1054): 451-524.

[108]   Begon M, Bowers R G. Host-host-pathogen models and microbial pest control: The effect of host self regulation[J]. J. Theor. Biol., 1994, 169(3): 275-287.

[109]   Sinha S, Misra O P, Dhar J. A two species competition model under the simultaneous effect of toxicant and disease[J]. Nonlinear Anal: Real World Appl., 2010, 11: 1131-1142.

[110]   May R M. Stability and Complexity in Model Ecosystems[M]. Princeton: Princeton University Press, 1973.

[111]   Hale J K. Nonlinear oscillations in equations with delays, nonlinear oscillations in biology[J]. Lectures in Applied Mathematics, 1979, 17: 157-185.

[112]   Smith F E. Population dynamics in daphnia magna and a new model for population growth[J]. Ecology, 1963, 44: 651-663.

[113]   Gilpin M E, Ayala F G. Global models of growth and competition[J]. Proc. Nat. Acad. Sois, 1973, 70: 3590-3593.

[114]   Gopalsamy K, Kulenović M R S, Ladas G. Timelags in a "food-limited" population model[J]. Appl. Aral., 1988, 31: 225-237.

[115]   Gopalsamy K, Kulenović M R S, Ladas G. Environmental Periodicity and time delays in a "food-limited" population model[J]. J. Math. Appl., 1990, 147: 225-237.

[116]   Fan M, Wang K. Periodicity in a food-limited population model with toxicants and time delays[J]. Acta Mathematica Applicatae Sinica, 2002, 18: 309-314.

[117]   Feng W, Lu X. On diffusive population models with toxicants and time delays [J]. J. Math. Anal. Appl., 1999, 233: 373-386.

[118]   Freedman H I, Shukla J B. Models for the Effect of Toxicant in Single Species and Predator-Prey System[J]. J. Math Biol., 1991, (30): 15-30.

[119]   Gopalsamy K. Stability and Oscillations and dscillation in delay equations of population dynamics[M]. Dordrecht: Kluwer Academic Publishers Group, 1992.

[120]   Deluna K Y. Delay Equations with Application in Population Dynamics. Boston: Academic Press, 1993.

[121]   Hallam T G, Deluna J T. Effects of toxicants on populations: A qualitative approach III [J]. J. Theoretical Biol., 1984, 109: 411-429.

[122]   Pielou E C. An Intrduction to Mathematics Ecology[M]. New York: Wiley, 1996.

[123]   李永昆. 一类时滞微分方程周期正解的存在性和全局吸引性 [J]. 中国科学, 1998, 28: 108-118.

[124]   唐先华, 庾建设. 一类非线性 FDE 整体解的存在性及全局吸引性 [J]. 数学年刊 A 辑, 2002: 656-666.

[125]   Anthony L. Periodic solutions for a prey-predator differential delay equation[J]. J.

Diff. Eqst, 1977, (26): 391-403.

[126]   Zhang B G, Gopalsmy K. Global Attractivity and Oscillation in a Periodic Logic Equation[J]. J. Math. Anal. Appl., 1990, (150): 274-283.

[127]   Fan J, Zhang C. A reexamination of diffusion estimators with application to financial model validation[J]. J. Amer. Statist. Assoc., 2003, (461): 118-134.

[128]   Jiang D Q, Shi N Z, Zhao Y N. Existence, Uniqueness and Global Stability of positive solutions to the food-limited population model with random perturbation[J]. Math. Comput. Modelling, 2005, (42): 651-658.